New Media

新媒体·新传播·新运营 系列规划教材

新媒体
技术与应用
视频指导版

惠世军　吴航行◎主编

张庭瑜　赵兴民　许楠◎副主编

人民邮电出版社

北京

图书在版编目（CIP）数据

新媒体技术与应用 ：视频指导版 / 惠世军，吴航行
主编. -- 北京 ：人民邮电出版社，2020.6（2022.12重印）
新媒体·新传播·新运营系列规划教材
ISBN 978-7-115-53500-9

Ⅰ．①新… Ⅱ．①惠… ②吴… Ⅲ．①多媒体技术—
教材 Ⅳ．①TP37

中国版本图书馆CIP数据核字(2020)第037396号

内 容 提 要

本书是专门针对新媒体技术的应用型教材，紧紧围绕当前新媒体技术应用的发展趋势，主要介绍了新媒体技术应用概念、基本原理、操作方法、案例演示等，让读者由简到繁、由浅入深地掌握新媒体技术及其日常应用，培养其在新媒体领域的创新发展能力。

本书有 4 个特点：一是前沿性——本书阐述的制作理念与方法、技术与技巧均体现与时俱进的特点；二是实用性——本书实操性很强，有利于读者迅速入门并在短期内提高制作水平；三是全面性——本书涵盖了新媒体平台上常用的工具；四是易读性——本书图文混排，内容容易理解，每个案例均配有操作视频，扫描二维码即可观看视频讲解。

本书既可用作网络与新媒体、电视编导、数字媒体艺术、新闻学、传媒学、广告学、广播电视新闻学、播音与主持等专业相关课程的教材，也可作为视频制作爱好者、新媒体从业人员提高制作水平的参考用书。

◆ 主　　编　惠世军　吴航行
　　副 主 编　张庭瑜　赵兴民　许　楠
　　责任编辑　古显义
　　责任印制　王　郁　马振武

◆ 人民邮电出版社出版发行　　北京市丰台区成寿寺路 11 号
　　邮编　100164　电子邮件　315@ptpress.com.cn
　　网址　https://www.ptpress.com.cn
　　固安县铭成印刷有限公司印刷

◆ 开本：700×1000　1/16
　　印张：12.5　　　　　　　　2020 年 6 月第 1 版
　　字数：240 千字　　　　　　2022 年 12 月河北第 6 次印刷

定价：56.00 元

读者服务热线：**(010)81055256**　印装质量热线：**(010)81055316**
反盗版热线：**(010)81055315**
广告经营许可证：京东市监广登字20170147号

序言一

随着我国经济转型和经济结构的不断优化，新媒体平台已成为经济发展的新动能，新媒体应用技术成为媒体深化融合的新引擎。国家战略持续助推新媒体行业发展，传统媒体与新媒体通过优势互补、"一体化"发展深度影响中国社会各层面发展，新媒体影响不断深入与扩大。在我国大力推动网络和信息化事业发展的顶层设计的强化下，新媒体连接多行业、多领域发展，成为中国社会转型新阶段的关键因素，各种新技术、新理念、新形态、新模式竞相呈现。

新媒体是对大众同时提供个性化内容，使传播者和接受者融会成对等的交流者，而无数的交流者相互间可以同时进行个性化交流的媒体。近两年来，随着科学技术的飞速发展，新媒体越来越受人们的关注，成为人们议论的热门话题。新媒体技术应用可以轻松地构建一个集中化、网络化、专业化、智能化、分众化的大型智能化平台，该平台又能提供功能强大的信息编辑、传输、发布和管理等专业媒体服务。

在5G时代到来之际，短视频的门槛进一步降低，内容视频化趋势也势不可当。新媒体技术应用使得原来处于新闻制造边缘的受众成为新闻信息传播的中坚力量，这成为很多有追求的人要考虑的问题。本书观点独到，言之有物，案例丰富，兼具可读性与可操作性。阅读本书，读者可快速了解并玩转新媒体。

本书介绍了新媒体技术应用的多方面内容，包括新媒体基本概念、数字图像处理、交互设计、音频制作、视频制作、自媒体和流媒体等，重在培养应用型、技能型人才，是结合当前新媒体技术的发展状况编写而成的。全书重点放在基础知识的讲授和基本操作技能的培养上，不仅适合作为高等学校网络与新媒体、新闻学、数字媒体等专业相关课程教材，也适于媒体从业人员等作为工具书学习参考。

刘志镜
西安电子科技大学原计算机学院副院长
教授、博士生导师
2019年9月

序言二

　　21世纪是网络与新媒体技术空前繁荣并引领各行各业向前腾飞的时代，有线网络、移动网络、新媒体、人工智能、小程序、虚拟现实技术等层出不穷。这些技术以前所未有的速度推动着信息产业的快速发展，而信息产业的快速发展又改变着我们的生产、生活。面对这样的变化，新媒体软件操作技术便成为人们生产生活和学习的急需技术。

　　本书基于新媒体的迅猛发展，从应用与实战技术出发，紧贴新媒体时代技术前沿，重点对新媒体图像、音频、视频、交互设计、自媒体以及流媒体等技术手段和操作方法进行全面细致的介绍。全书图文并茂，案例丰富，并配有相关网络平台辅助教学资源，非常适合应用型本科教学使用。

　　从结构来说，全书章节布局合理，不仅对新媒体相关技术的基本概念进行了阐述，同时配有丰富的实战案例，对其操作过程进行了讲解，使读者学习起来更加容易。从内容来说，本书选取实用、前沿的实战案例，结合当下流行、热门的实操软件，能够紧跟新媒体行业发展，体现新媒体的技术进展。

　　另外，本书作者均有丰富的新媒体实战操作经验，并在网络与新媒体专业教学和新媒体产教融合人才培养等方面有着多年的探索和思考。正是基于多年的教学和实战基础，作者深刻地认识到新媒体技术对于新媒体专业建设的重要性以及对于人才培养的重要性。也正是基于此，作者以积极探索的精神编写了本书。

　　毫无疑问，新媒体的时代已经到来。新媒体技术正在成为人类从工业文明走向技术文明和知识文明的"天梯"。未来，新媒体技术也必将成为新的生产关系、知识机制、价值规律、文化观念、意识形态的社会化生产要素。它具有继承人类过去的本能，更具有开辟未来、突破创新的天性。作者希望本书能在带给读者理论知识的同时，也让读者在新媒体技术与实战方面有所收获和突破。

李文

兰州大学新闻传播学院创始院长

西安科技大学高新学院新传媒与艺术学院副院长

陕西师范大学教授、研究生导师

2019年9月

自 序

实战技术助推新媒体专业向应用转型

　　网络与新媒体专业是国家根据互联网以及文化产业近年来的快速发展，结合市场人才需求，于2012年由中华人民共和国教育部批准的一个特设专业。8年来，全国先后审批通过开设网络与新媒体专业的本科院校240余所。随着专业数量的快速发展，目前各校在人才培养方面相继出现了一些可供借鉴的发展思路。由于网络与新媒体专业开设院校主要集中在应用型本科高校，因此新媒体技术与应用成为其专业的核心组成部分。

　　新媒体技术与应用作为网络与新媒体专业学生的一项基本技能，近年来随着科学技术的迅猛发展也在发生着翻天覆地的变化。鉴于此，本书从新媒体技术出发，结合其市场应用与实战需要，重点介绍数字图像处理、UI/UX及VR/AR交互设计、音频处理、视频制作、自媒体技术、流媒体技术等内容，以期为网络与新媒体专业相关学生在就业时插上腾飞的翅膀。

　　笔者所在的西安科技大学高新学院，作为中国西北五省首家开设网络与新媒体专业的二本独立学院，在其新媒体人才培养过程中，一直高度重视应用与实战。通过多年实践，我们总结出新媒体人才培养的六大思路：一是必须全面认识到传媒行业的上层建筑属性和市场经济属性；二是应该深刻意识到传媒教育中实践教学和案例教学的重要性；三是应该站在文化艺术的高度来培养有责任、有担当的传媒人才；四是应该站在网络时代的前沿培养具有新媒体思维的传媒人才；五是应该将创新及创业教育作为传媒人才培养的重要组成部分；六是必须以国际化的广阔视野培养高素质应用复合型传媒人才。与此同时，我们必须始终坚持理论与实战相结合，深度开展产教融合，让教室即车间、课堂即竞赛、专业即市场、学校即企业。也只有如此，我们才能不断培养出更具市场竞争力、更具专业实战力的新时代网络与新媒体专业本科应用型人才。

　　本科人才培养是个持久的研究课题，网络与新媒体专业的应用型人才培养探索才刚刚开始，本书正是我们在新媒体技术应用与实战方面的探索成果，更是惠世军老师和笔者多年来在新媒体专业教学中的思考总结。

这个时代，是一个属于新媒体的时代，更是一个新媒体与新技术高度融合的时代。未来，只有让实战技术助推新媒体专业向应用转型，才能培养出更多符合时代需要的新媒体实战人才。

领网络传播之航，行媒体创新之先。让我们一起应用，一起实战，一起迎接新媒体技术的美好明天。

吴航行

西安科技大学高新学院

新传媒与艺术学院副院长

2019年9月

PREFACE

前 言

21世纪是信息化、数字化、智能化的时代，依托于计算机的新媒体技术不断发展和更新，使人与计算机之间的交互变得更加生动活泼、丰富多彩。尤其是近年来，移动互联网和智能终端快速发展，使人类进入新媒体时代、智能化时代，极大地改变了人与人、人与计算机之间的交互和沟通方式。

新媒体是指利用数字技术和网络技术，通过互联网、宽带局域网、无线通信网、卫星系统等渠道，以及计算机、手机、数字电视等终端设备，向用户提供信息和娱乐服务的传播形态。严格地说，新媒体应该称为数字化新媒体。

本书是根据教育部高等院校新媒体技术应用教学要求编写而成的，紧紧围绕当前新媒体技术的发展趋势。结合新媒体技术的知识结构和特点，笔者通过大量的应用案例并配合操作演示视频，让读者轻松愉快地了解并掌握新媒体技术和应用技能。本书内容结构合理、用语通俗、易教易学，主要具有以下特色。

（1）真实案例、技术优先。本书从基础到实践，通过大量的应用实例并配合课堂实录高清视频教程，让读者轻松愉快地了解并掌握新媒体技术和应用技能。

（2）图文并茂、重在应用。本书采用图文并茂的形式，让读者在学习过程中更直观、更清晰地掌握新媒体技术应用知识，全面提升学习效果。

（3）高清视频、资源共享。书中有大量的二维码，读者可轻松通过手机等智能终端获得身临其境的多媒体演示效果和操作指导。本书还提供了PPT课件、全书案例素材文件和本书用到的所有共享资源。

本书的第一章（认识新媒体与新媒体技术）新媒体技术概述，包含学习新媒体所必须掌握的一些基本概念与技术，建议8学时完成。第二章（数字图像处理）Photoshop使用基本知识，是学生在Photoshop实践中需要掌握的基本创作技巧，是核心知识点，教师应该详细讲解，建议20学时完成。第三章（UI/UX及VR/AR交互设计）人机交互设计的概念与应用，建议10学时完成。第四章（新媒体音频制作）与第五章（新媒体视频制作）音视频基本操作技巧和方法，由吴航行老师编写，教师应该详细讲解，建议20学时完成。第六章（自媒体技术平台）与第七章（网络流媒体技术）是根据大学生的学习热点与盲点所编写的，建议6学时完成。

在本书的编写过程中，得到了尊敬的老师和可爱的学生们的热情支持和帮助，赵俊敏、王倩、郝思明、党昊杰、张宇航等人为本书提供了大量的图文编辑和校对工作，在此表示衷心的感谢。

本书凝结了笔者近20年的教学和一线实践经验，并参考了国内外有关新媒体技术的最新文献，但限于水平，书中难免有不足之处，恳请读者批评指正。

惠世军

2020年2月

CONTENTS

目 录

第一章

认识新媒体与新媒体技术

学习目标

- 了解新媒体与新媒体技术的概念和主要特征。
- 了解新媒体和传统媒体的融合及发展现状。
- 掌握新媒体的盈利模式、设备分辨率、色彩模式和常见平台。
- 了解各类图像存储格式及其应用领域。

21 世纪是信息化、数字化、智能化的时代，新媒体技术发展日新月异。随着新媒体技术的不断发展和更新，人与计算机之间的交互变得更加生动活泼、丰富多彩。尤其是近年来，移动互联网和智能终端的快速发展和普及，人类已经进入新媒体时代、智能化时代，新媒体技术极大地改变了人与人、人与计算机之间的交互和沟通方式。

第一节　新媒体概述

新媒体（New Media）概念是 1967 年由美国学者戈尔德马克率先提出的。所谓新媒体，是指在数字化信息技术时代，在新的技术主导下应运而生的一种全新的媒体形态。新媒体迅速在全球席卷开来，对人们的衣、食、住、行产生了深刻的影响。新媒体是一个动态的概念，是随着互联网技术和数字技术的发展而衍生的媒体形式，因此，其内涵本身就是在不断发展和变化的，我们应该用发展的眼光去看待新媒体，而不能以静止的思维去认识它。新媒体是相对于传统媒体而言的，是报刊、广播、电视等传统媒体发展起来的新媒介形态，是利用数字技术、网络技术，通过互联网、无线通信网、卫星系统，以及计算机、手机、数字电视等终端，向用户提供信息和娱乐服务的传播形态。

一、新媒体的类型

在实际生活中，随着移动互联网的快速发展，信息传播格局已经发生改变。传统媒体面对新的传播环境，其时效性差、互动性弱等局限性大大凸显，新媒体时代到来的一个突出特征是人类进入以手机等移动终端为主要载体的信息传播时代。新媒体具有传播速度快、移动性强、互动性好、个性化等优势，是传统媒体所无法比拟的。根据作用、表现形式和内容的不同，新媒体可分为以下五大类。

1. 感觉媒体

感觉媒体主要是指人的听觉、视觉、触觉等感觉器官能直接感觉到的媒体，如文本、图形、图像、动画、音频、视频等。

2. 表示媒体

表示媒体是为了加工、处理和传输感觉媒体而研究和构造出来的一类媒体，如语言编码、文本编码、条形码、二维码、图像编码等，与计算机的内部表示相关。

3. 显示媒体

显示媒体是感觉媒体和通信中使用的信号之间转换用的媒体，如键盘、数码相机、话筒、显示器、扬声器、扫描仪、打印机等，一般与设备相关。

4. 存储媒体

存储媒体用于存放表示媒体的物体，如内存卡、U 盘、计算机的硬盘和光盘等。

5．传输媒体

传输媒体是指用于传输表示媒体的介质，也就是将表示媒体从一台计算机传送至另一台计算机的通信载体，如同轴电缆、光纤、电话线等。

二、新媒体构成要素

对于大多数直接面向消费者的企业而言，新媒体运营是战略选择，因为它是公司运营、拓展用户的主要渠道，也是传播品牌的最有效方式。新媒体主要由以下因素构成。

1．依托数字技术、网络技术及计算机技术

新媒体是建立在数字技术和网络技术之上而产生的媒介形态。计算机信息处理技术是新媒体的基础平台，互联网、卫星系统、移动通信网络等作为新媒体的运作平台，通过有线或无线的方式进行信息的传播。

2．依靠新技术支持以多媒体呈现

信息传播方式往往融合了文字、图形、声音、影像等多媒体的呈现形式，通过传播平台，实现跨媒体、跨时空的信息传播，彻底打破了时空界限，满足了用户多方位的需求。

3．新媒体互动性

作为区分"新""旧"媒体的重要参考因素，新媒体因其良好的交互性而备受人们的推崇。在新媒体时代，人们不再是被动地接收信息的受众，而是能自由传播、选择及接收信息的媒体用户，充分地显示了其人性化的一面。

4．商业模式创新

新媒体与传统媒体相比，在技术、运营、产品、服务等领域可以充分利用高新科技平台，不断丰富和创新商业模式。

5．媒介融合趋势增强

新媒体的种类有很多，包括网络媒体、有线数字媒体、无线数字媒体、卫星数字媒体、无线移动媒体等。在数字化基础上，各种媒介形态开始融合和创新，如手机电视、网络电视、短视频等，通常具有互动性。同时，媒介融合也使得传统媒体可以借助数字技术转变为具有互动性的新媒体，如使用手机观看影视时可随时互动（弹幕）。

三、新媒体的未来发展

当人工智能、VR/AR、物联网等新技术的迅速发展与媒体信息的爆炸式增长相结合时，"智媒"应运而生。机器写作、个性化推送、传感器新闻等成为"智媒时代"的重要产物。尤其是人工智能，它的诞生被认为是人类历史上最神奇、最伟大、最有发展前途却又最难准确预料后果的颠覆性技术。对人工智能技术的研究与应用不仅在传媒业，更在全社会成为热议焦点。

然而，历来对一种新技术的讨论，都必然伴随着正反立场的交锋与辩论，人工智能也不例外。我们必须正确看待人工智能的价值，回归对人的关注，以人为中心，服务于人的需求，冷静、理性地把握人工智能技术开发的边界。

关于人工智能技术，还要考虑普及率等问题。任何一种新技术诞生后，都不可能在短时间内实现全民普及。

关于智能技术，还存在隐私权问题。智能技术将整个社会带入数据化、关联性、可跟踪的生活氛围之中，个人隐私被侵犯和泄露就变得更加容易，如何在智能化服务与隐私权保护之间寻找平衡与界限，这不仅是开发者需要坚守的底线，更是社会治理者必须强化的法律边界。

四、新媒体的主要特征

新媒体在中国的覆盖率继续提高，尤其是伴随着移动终端和智能手机的普及，5G时代的到来，新媒体将会在商业模式的创新、传统产业的升级、增加社会价值方面起到更大的作用，最终促使整个社会和谐发展。新媒体的特征是相对于传统媒体来说的，具体特征如下。

1. 智能个性化

个性化搜索引擎是以偏好系统为基础的。偏好系统的建立要全面，而且与内容聚合相联系，对用户的行为特征进行分析，既要寻找可信度高的发布源，同时对互联网用户的搜索习惯进行整理、挖掘，得出最佳的设计方案，帮助互联网用户快速、准确地搜索到自己感兴趣的信息，避免大量信息带来的搜索疲劳。

2. 聚合性

在Web 3.0时代，企业将应用新媒体技术对用户生成的内容信息进行整合，使内容信息的特征性更加明显，便于检索；将精确阐明信息内容特征的标签进行整合，迅速筛选出自己的信息，提高信息描述的精确度，从而便于互联网用户的搜索与整理。

3．深入的应用服务

新媒体时代，企业可以更加彻底地站在用户角度，使其多渠道阅读本地化内容、分享应用体验，同时还可以应用口碑拉动营销模式等。

4．新媒体的真实性

新媒体技术的便捷性使其能够贴近人们真实的社会生活，反映出人们在现实生活中的真实情况。虽然过去我们往往把互联网称为虚拟社会，但是新媒体在一定程度上做到了对现实社会的真实再现，抖音平台对"奔驰漏油事件"现象的关注就是新媒体真实性的体现。

五、常见的新媒体平台

人工智能和互联网时代下的今天，从传播的角度来讲，传统媒体的优势在持续降低，主要是受众群体的关注点在转移，年轻化的消费群体在捕捉信息的时候更多倾向于新媒体平台。这里介绍几种常用的新媒体平台。

1．微信平台

微信活跃用户有 10.82 亿。巨大的用户群体就像一座巨大的"富矿"，引来众多"淘金者"。在微信平台上，企业常用的新媒体工具和资源包括微信公众平台、微信个人号、微信群、微信广告资源。运营者通过微信公众号发表文章，向目标人群传递有价值的信息来提高产品知名度，最终达到销售产品的目的。

2．新浪微博

近两年，有人认为微博活跃度下降了，"周边的好多人都在玩微信，不怎么玩微博了"，这是一种假象。一方面，微博和微信本就不同，微博是社会化信息网络，讲求的是广度，重在用户对信息的接收；微信是社交化关系网络，讲求的是深度，重在用户与用户之间的互动。另一方面，持"微博活跃度下降"观点的人忽略了中国互联网的分层和渗透速度。根据《微博财报》，自上市以来，微博活跃用户连续九个季度保持 30% 以上的增长。2018 年新浪微博月活跃用户数量增长约7000 万，2018 年 12 月达到 4.62 亿，12 月的日均活跃用户数量突破 2 亿，现在很多公司都开通了新浪微博。微博有转发功能、流量也大，所以只要你的内容有趣，足够引起人们的关注和转发，可以比较轻松地达到"病毒式"营销效果。

3．网络直播与短视频

网络直播最大的特点是直观性和即时互动性。当网络直播与互联网金融结合时，网络直播便在信息披露、用户沟通、宣传获客等方面大展身手。短视频时长一般在 15 秒左右，由于现在生活节奏较快，上班族的业余时间不多，短平快的大流量传播内容逐渐获得人们的喜爱。短视频适合在移动状态和休闲时间观看，不浪费时间还能放松心情，所以抖音、快手、西瓜等平台相继崛起，越来越多的公司也开始重视用短视频来营销。短视频内容简练、制作流程简练，制作费用成本、人力成本都较低，但很容易成为被人们大量转发、评论的热点，从而大量吸引粉丝，快速形成品牌或产品宣传平台。

4．今日头条

今日头条是基于数据挖掘的推荐产品，目前入驻今日头条的企业数量非常多，它的口号是"你关心的，才是头条"。其优势很明显，受众感兴趣的内容信息比较容易获得平台的推荐。

5．大鱼号

大鱼号是 UC 订阅号的升级平台。UC 通过整合阿里巴巴的大数据资源形成具体的用户画像，进行精准的信息推荐；还可以将自媒体创作者接入零售商业平台，实现变现。

6．企鹅媒体平台

企鹅媒体平台是腾讯推出的一个平台，提供开放全网流量、内容生产能力、用户连接、商业变现四个方面的能力。

7．简书

简书是一个创作社区，任何人均可在其上进行创作。用户在简书上面可以方便地创作自己的作品，互相交流。简书已成为国内优质原创内容输出平台。

8．知乎

知乎是网络问答社区，连接各行各业的用户。用户分享着彼此的知识、经验和见解，为中文互联网源源不断地提供各种各样的信息。准确地讲，知乎更像一个论坛：用户围绕着感兴趣的话题进行相关的讨论，同时可以关注兴趣一致的人。对于概念性的解释，百度百科几乎涵盖了用户所有的疑问；但是对于发散思维的整合，却是知乎的一大特色。

9．小程序

自媒体本身就是互联网时代下的产物，特别是小程序的火爆，让很多新媒体、自媒体运营者拥有或者打造属于自己公司的小程序。

六、新媒体与传统媒体融合

传统媒体与新媒体之间并不是此消彼长的关系，而是相互依存、相互借鉴发展的关系。因此，对于传统媒体而言，如何发挥其内容严谨、公信力强等优势，结合新媒体多元化传播渠道特点，实现传统媒体的可持续发展，已成为传统媒体适应新形势的发展方向。在目前的新形势下，必须要加强传统媒体和新媒体之间的融合发展。如何融合？

一是要认识到数字化、网络化、移动化、智能化、分众化是媒体融合发展的大势所趋。要真正实现融合发展，必须在移动互联、大数据、人工智能等新技术领域打好基础，逐步建立自己的核心技术团队。

二是要增强内容的互动性、体验性和可分享性。互联网技术的发展，促使媒体传播从单向传播走向即时互动。

三是要强化新技术应用，不断研发推出新媒体产品形态。当前，H5、微视频、微动漫、音频录播、视频直播、视频录播、VR/AR 等新媒体产品形态，已经成为公众青睐的内容体验方式，也是成熟的融媒体平台内容生产不可或缺的"标配"。公众参与度高、互动性强、体验良好是融媒体内容传播的突出特性。可以说，技术对优质融媒体内容的传播起着关键作用。没有强大的互联网技术支持，再好的创意和内容也难以达到这样的传播效果。

从目前的发展情况来看，国内传统媒体与新媒体融合，一方面，传统媒体要加快新媒体尤其是移动互联网传播平台建设，主动搭建并强化移动互联等新媒体平台，占领信息传播和舆论主阵地，迈出媒体融合的坚实步伐。另一方面，传统媒体要启动并积极推进融媒体平台建设，尽快实现从"相加"到"相融"，实现一体化发展。

总之，媒体融合不是报刊与网站、手机端的简单叠加，而在于科技、内容的融合。其深度交融的一个重要功能，就是在生产内容产品的同时，将重构媒体全新的生产体系，打通内部的内容生产和运营管理，更关键的是可随时调取所积累的各种资源，利用其丰富的内容素材，打通与用户的连接，实现媒体与其他产业的融合，实现信息的高质量、高效率传播，全方位满足人们的需求。

七、新媒体的主要盈利模式

新媒体引导、改变着社会受众的生活方式，并且诞生了庞大的市场需求。创新的媒介形态不仅改变了传统媒介的传播手段与接收终端，还是整个传媒产业内容资源、传播渠道、盈利模式在内的一场全方位的根本变革，使传统单一盈利模式逐渐发展成多元复合的盈利模式。

对于一个新的行业来说，不确定的盈利模式是阻碍其发展的最大问题。在新媒体产业中，除了户外电视传播平台具有清晰的盈利模式外，其他新媒体都还在摸索之中。厘清新媒体的盈利模式有助于找到经营的重点。新媒体企业主要的盈利有以下几个方面。

1．广告收益

互联网和移动增值服务相关的新商业模式都将广告作为一个重要的收入来源，网络视频和电子杂志也不可避免。视频网站通常是在播放视频内容之前或播放过程中插播广告，或者在影片下载期间播放缓存广告。视频网站的另一种广告来源是在与传统媒体的合作中获得广告赞助。

2．内容产品盈利

内容产品盈利是指新媒体企业通过有偿提供内容产品而获得收入。内容产品盈利主要包括有偿下载、有偿阅读、有偿观看和有偿参与。有偿下载指用户支付一定的费用方可获得所需要内容的下载方式。有偿阅读指受众要支付一定的费用才能获得内容产品的阅读权。有偿观看是指提供视频服务的网站采用会员制的方式实现收益，受众付费成为会员后，可以选择在线观看或下载提供商提供的视频内容。有偿参与适用于网络游戏，属于体验消费。

3．二次销售

二次销售就是新媒体企业通过提供内容产品凝聚相当数量的受众资源后，以此吸引广告主向媒体投放广告。在媒体运作中，一次销售为二次销售奠定基础，而二次销售获得收益以促进内容产品的改善和升级。随着网站数量增加、专业性增强，特别是网络受众消费观念的转变，基于互联网的二次销售将会成为包括网站在内的其他新媒体企业增加收益的重要途径。

4．平台获利

平台获利是指通过新媒体企业搭建的平台，并在此平台从事一定的商业活动，从而实现获得收益的行为。平台获利根据平台的性质的不同，可以分为中介平台和自建平台。中介平台指平台搭建方仅提供平台，收取平台使用费，平台上的内容产品由平台的使用者自己构建；自建平台即平台的搭建方以自己所用为目的，由平台的搭建方自己组织安排平台内容。常见的通过平台获利的方式有物流、下载和提供短信收发。

随着新媒体模式的不断更新，新媒体技术的不断运用，其盈利模式也会随之发生变化，但其盈利的"宗旨"仍然依存于广告、内容、平台等方面。

第二节 新媒体技术概述

新媒体技术是基于互联网技术下的，具有先天的技术优势与作为媒体的信息服务功能，是网络经济与传媒产业实现对接的最佳选择。

一、新媒体技术的概念

在新媒体迅速发展的情况下，以中央广播电视总台新媒体研究样本为例，从网络资源整合、多终端传播联盟和经营战略空间拓展三个层面对其新媒体发展创新模式进行较为系统的探讨和研究。中央广播电视总台如何将传统媒体中的平台优势在网络新媒体的传播中获得延续与突破？关键点是创新。经过十多年的探索与实践，中央广播电视总台在新媒体发展创新方面取得了历史性的重要转变，主要表现为：以图文为主向以视频为主的转变，从单向传播向互动传播转变，从PC单终端向PC、手机、IP电视、车载电视多终端转变，从探索性经营向大规模正规经营转变，从覆盖国内为主向覆盖全球转变。

二、新媒体技术的特征

新媒体技术的含义比较多。作为数字时代的象征，新媒体技术的核心传媒是互联网。互联网优势表现在以下方面。

1. 数据通信正逐步取代语音通信

通信技术和网络技术向宽带、移动和融合方向发展，数据通信正逐步取代语音通信成为通信领域的主流。随着产业技术进步和网络运营商竞争程度的加剧，网络接入的软硬件环境在不断优化，网络接入和用户终端产品的价格不断下降，用户的上网门槛不断降低。

2. 具有高黏性和高传播性

一方面，一旦用户接触互联网之后，就会被互联网丰富的信息所吸引。用户的个性化需求均能得到最大限度的满足，多样化、个性化的内容推送使用户流失率极低。另一方面，互联网上的网络游戏、即时通信、博客、论坛、交友等应用具有极强的互动功能，在你来我往中建构联系、达成共识，助推相关内容的传播，既包括定向传播，又包括非定向传播，使新媒体平台的核心用户群体和潜在用户群体数量不断增多。

3. 网民规模扩张与网络价值同步

网民规模的扩张推动网络价值的提升，而网络价值的提升又进一步增强其扩张能力。根据梅特卡夫定律，网络的价值与网络规模的平方成正比。在对大学生使用网络应用的调查中显示，大学生使用最多的是网络音乐、即时通信、网络新闻等。

第三节　视觉参数和色彩模式

屏幕分辨率是指屏幕显示的分辨率，用来确定计算机、手机屏幕上显示多少信息，以水平和垂直像素来衡量。

一、显示器分辨率

就相同大小的屏幕而言，当屏幕分辨率低时（如 640 像素 ×480 像素），在屏幕上显示的像素少，单个像素尺寸比较大；当屏幕分辨率高时（如 1600 像素 ×1200 像素），在屏幕上显示的像素多，单个像素尺寸比较小。

1. 像素

像素（Pixel）在计算机屏幕上以行和列的形式排列。以数字化形式存储的任意画面，其静止的图像都是一个矩阵，由一些排成行列的点组成，这些点称为像素。像素分辨率是指像素的宽高比，一般为 1：1。

2. 显示分辨率

显示分辨率是指显示器和移动设备每单位长度显示的像素数目，通常以像素／英寸（pixels per inch，ppi）为计量单位。显示分辨率取决于屏幕的大小、显卡和设定值，计算机的显示分辨率为 640 像素 ×480 像素（VGA 标准）、1366 像素 ×768 像素（14 英寸）、1920 像素 ×1080 像素（20 英寸）、2560 像素 ×1440像素（27 英寸）或更高，如图 1-1 所示，可以显示的颜色从 16 色、256 色、增强色（16 位）到真彩色（32 位）。

27英寸：2560像素×1440像素

20英寸：1920像素×1080像素

14英寸：1366像素×768像素

图1-1

3．屏幕分辨率

屏幕分辨率由每行每列的像素数量所决定。一块分辨率为 640 像素 ×480 像素的屏幕，表示在水平方向上显示 640 个像素并在垂直方向上显示 480 个像素，这意味着屏幕上包含了 307 200 个像素（640 像素 ×480 像素）。

4．视频适配器

每个像素的颜色能单独设定，其在计算机屏幕上能同时显示的颜色数量受图像硬件的限制，能同时显示的颜色最大数目取决于在内存的视频缓冲区中为每个像素留出的数据位数目。能显示两种颜色的为单色显示系统，能显示多于 1670 万种颜色的为真彩色系统。每个像素由 24 位颜色信息来表示，可小到 0，大到 16 777 216，几乎能表示太阳光下的任何颜色，即真彩色。

二、打印分辨率

打印分辨率是指打印机每英寸可以产生的墨点数（dots per inch，dpi），要想获得好的打印效果，图像分辨率与打印分辨率应是等比的。一般的激光打印机可以输出 600 ～ 1200dpi，相当于图像分辨率的 72 ～ 185ppi；更好的图像打印机可以达到 1200dpi 以上，产生的效果相当于 200 ～ 350ppi。

三、色彩模式

色彩模式是数字世界中表示颜色的一种算法。在数字世界中，为了表示各种颜色，人们通常将颜色划分为若干分量。成色原理的不同，决定了显示器、投影仪、扫描仪和移动设备等靠色光直接合成颜色设备与打印机、印刷机等靠使用颜料的印刷设备在生成颜色方式上的区别。

1．光的三原色

自然界中之所以有颜色的存在，是因为存在光线、被观察的对象以及观察者自身这三个实体。人的眼睛所看到的颜色是由观察的对象吸收或者反射了不同波长的红、绿、蓝三种光形成的。例如，一片绿色的树林，人之所以将其看成是绿色的，是因为绿色波从树林处反射到人的眼睛中，而红色和蓝色的光波被树林吸收了，人的眼睛对绿色的感觉是由树木、光线以及人决定的。红、绿、蓝三种波长的光是自然界中所有颜色的基础。自然界的所有颜色都可用红（Red）、绿（Green）、蓝（Blue）三种基本颜色组合而成。由于红、绿、蓝不能由其他颜色匹配而成，因此将红、绿、蓝三色称为光的三原色。

2．计算机和移动设备的颜色显示

在计算机显示器和移动设备上创建颜色，就是利用了自然界中光线的基本特性来实现的，即颜色由红、绿、蓝三种波长的光产生，这就是 RGB 模式的基础。计算机的显示器是通过发射三种不同强度的光束，使屏幕内侧涂覆的红、绿、蓝荧光材料发光而产生图像的。当在屏幕上看到红色时，计算机显示器已经打开了它的红色光束，红色光束刺激红色的荧光材料，从而在屏幕上点亮一个红色像素。

四、常见的几种颜色模式

颜色模式是非常重要的概念。只有了解了不同的颜色模式才能精确地描述、修改和处理色调。计算机中提供了一组描述自然界中光和色调的模式，可以通过它们将颜色以一种特定的方式表示出来，而这种色彩又可以用一定的颜色模式存储。每一种颜色模式都针对特定的目的，如计算机显示使用 RGB 模式，打印输出彩色图像时使用 CMYK 模式，为了给黑白相片上色可以将扫描成的灰度模式图像转换到彩色模式。

1．RGB模式

RGB 色彩就是常说的三原色：R 代表 Red（红色），G 代表 Green（绿色），B 代表 Blue（蓝色）。自然界中肉眼所能看到的任何色彩都可以由这三种色彩混合叠加而成，因此也称为加色模式。

RGB 色彩模式使用 RGB 模型（见图 1-2）为图像中每一个像素的 RGB 分量分配一个 0 ~ 255 范围内的强度值。例如，红色（R）值为 255，绿色（G）值为 0，蓝色（B）值为 0；灰色的 R、G、B 三个值相等（除了 0 和 255）；白色的 R、G、B 值都为 255；黑色的 R、G、B 值都为 0。RGB 图像只使用三种颜色，就可以使它们按照不同的比例混合。把 R、G、B 三色按照不同的比例混合，能配出 16 777 216 种颜色。

2．CMYK模式

在计算机的显示器中采用 RGB 模式可实现真实色彩，颜色的创造是通过增加光线来实现的，但实现打印很困难。计算机的显示器是一个能够创造颜色的光源，但是一张打印纸不会发射光线，只吸收和反射光线。如果希望将计算机显示器的颜色转换到纸张上，就必须使

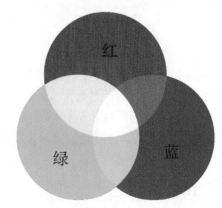

图1-2

用另一种减去光线的颜色模式——CMYK 模式。

印刷机采用青（Cyan）、品红（Magenta）、黄（Yellow）、黑（Black）4 种油墨来组合出任意一幅彩色图像，如图 1-3 所示。因此 CMYK 模式就由这 4 种用于印刷分色的颜色组成。它是 32（8×4）位 / 像素的四通道图像模式，仅包含使用印刷（打印）油墨能够打印的颜色，因此 CMYK 模式是一种基于印刷处理、色域最小的颜色模式。

3．Lab模式

国际照明委员会（International Commission on Illumination）于 1976 年公布 Lab 颜色模式。Lab 模式独立于设备存在，不受任何硬件性能的影响，能表现的颜色范围最大。

与 RGB 模式、CMYK 模式相比，Lab 模式的色域最大（见图 1-4），其次是 RGB 模式，色域最小的是 CMYK 模式。这就解释了颜色在一种媒介上被指定而通过另一种媒介表现出来往往存在差异的原因。

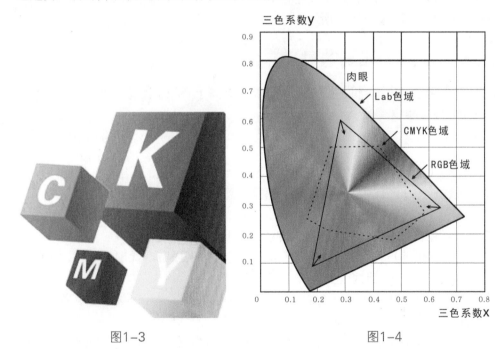

图1-3　　　　　　　　　　　　　　　　图1-4

4．HSB模式

HSB 模式（也称 HSL）有三种属性，即色相（Hues）、饱和度（Saturation）和亮度（Brightness）。H、S、B 分别是这三种属性的英文简写。

色相是各种色彩的相貌，如红、黄、绿、蓝等。它是色彩的首要特征，是区别各种不同色彩最准确的标准。不同的色彩拥有不同的色相，事实上任何黑、白、灰以外的颜色都有色相的特征，而色相是由原色、间色和复色构成的。人的眼睛可以分辨出大约 180 种不同色相的颜色。

饱和度就是色彩的鲜艳程度，也称色彩的纯度。饱和度取决于该颜色中含色成分和消色成分（灰色）的比例：含色成分越大，饱和度越大，颜色就越艳丽；消色成分越大，饱和度越小，颜色就越接近于灰色。

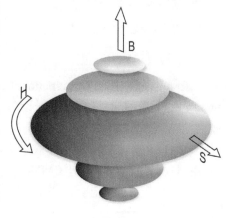

图1-5

亮度就色彩而言，是指颜色的明亮程度。同一种颜色，有亮调和暗调之分，一种纯色的亮度等于中度灰的亮度，但是一种纯色的明度等于白色的明度。

人们对色彩的直觉感知，首先是色相，然后是深浅度，所以 HSB 模式是基于人的眼睛的色彩模式，如图 1-5 所示。

五、常用颜色代表的意义

颜色寓意是指不同颜色具有不同的寓意，属于心理学范畴，可以根据人们对颜色的喜好程度来判断人们的性格倾向。

1. 颜色寓意

红色（red）：热情、活泼、张扬，既容易鼓舞人们勇气，又容易引发人们生气，情绪波动较大；还代表吉祥、乐观、喜庆之意；另外，还有警示的意思。

紫色（purple）：有点可爱、神秘、高贵、优雅，代表着非凡的地位。一般人喜欢淡紫色，有愉快之感；不喜欢青紫色，不易产生美感。

蓝色（blue）：宁静、自由、清新。深蓝色代表孤傲、忧郁、寡言，浅蓝色代表天真、纯洁；同时蓝色也代表沉稳、安定与和平。

绿色（green）：自然、稳定、成长。绿色代表健康，与环保意识有关，也经常被联想到有关财政方面的事物。

黄色（yellow）：灿烂、辉煌，有着太阳般的光辉，象征着照亮黑暗的智慧之光。黄色有着金色的光芒，象征着财富和权力，是骄傲的色彩。

银色（silver）：代表尊贵、纯洁、安全、永恒，体现品牌的核心价值。同时，银色还有高贵、神秘、冷酷之感，给人尊崇感，也有着未来感。

黑色（black）：深沉、压迫、庄重、神秘，是白色的对比色。黑色有一种让人感到黑暗的感觉，若和其他颜色相配合，则含有集中和重心感。

白色（white）：纯洁、天真、洁净、真理、和平、冷淡、贫乏。白色在中国文化中也是代表死亡的颜色。

橙色（orange）：时尚、青春、动感，有种活力四射的感觉。橙色还代表生命的炽烈感，如太阳光的颜色。

棕色（brown）：代表健壮，与其他颜色不会发生冲突。棕色有耐劳、沉稳、暗淡之感，给人一种可靠、朴实的感觉。

2. 色彩与联想

色彩刺激往往由于接受者丰富的心理体验而自然地将其与某种心理感受、情绪甚至概念联系起来，如红色系给人以温暖的感觉，和热情、喜庆、积极联想；蓝色系给人以清冷的感觉，和宁静、理智、高雅联想等。这一特点是标准色设计乃至整个视觉识别（Visual Identity，VI）系统设计中都应予以充分注意的，不可忽视。常用的几种颜色联想和感受如表 1-1 所示。

表 1-1

色彩	联想	感受
红色	太阳、血液、火焰、心脏、苹果、杨梅、消防车、口红等	热情、喜庆、反抗、刺激、爱情、活泼、庄严、危险、信号、振奋、愤怒等
橙色	胡萝卜、橙子、晚霞、橘子、柿子等	和谐、富贵、活力、烦恼、暴怒、积极、明朗、胜利、快乐、勇敢、兴奋、热烈、明亮等
黄色	阳光、黄金、菊花、香蕉、柠檬等	光明、明快、华贵、不安、愉快、希望、灿烂、辉煌等
绿色	树木、草地、牧场、公园、青菜、西瓜、翡翠、邮政、春天、大自然等	和平、生命、理想、凉爽、清新、安静、公正、成长、希望、满足、青春等
蓝色	水、海洋、天空、湖泊、远山、玻璃、宇宙、夏天等	清凉、冷静、悠久、自由、镇静、诚实、理智、平静、冷淡、渺茫、阴影等
紫色	葡萄、茄子、紫藤、紫罗兰、牵牛花、紫菜等	高贵、奢华、优雅、忧郁、病态、痛苦、消极、虔诚、古朴、古典等
白色	白云、白雪、纸、白萝卜、白兔、牛奶、豆腐、护士、救护车等	纯洁、高尚、正直、神圣、清白、天真、公正、朴素、清洁、悲哀、虚无等
黑色	夜晚、头发、墨、木炭、煤等	黑暗、恐怖、失望、死亡、哀悼、罪恶、迫害、沉默、冷淡、刚健、坚毅、庄重、严肃、永恒等

3．人们理解某些商品的习惯色

人们在理解某些商品时，往往会自然地联想到某些颜色。例如，对于食品，人们习惯于接受红色等暖色调；对于化妆品，习惯于中性的素雅色调，如桃红给人温馨、优雅和清香感；对于药品，习惯于中性偏冷色调，尤以蓝绿为多；对于机电产品，习惯于黑色、深蓝色等稳重、沉稳、朴实的色调。总结世界上著名企业的标准色实践，色彩和行业间的关系如表 1-2 所示，供读者参考。

表 1-2

色　彩	适合行业（企业形象或产品内容）
红色系	食品业、交通业、百货业、药品业
橙色系	食品业、建筑业、石化业、百货业
黄色系	电器业、化工业、建筑业、百货业
绿色系	金融业、农林业、建筑业、百货业
蓝色系	药品业、交通业、百货业、化工业
紫色系	化妆业、服装业、出版业

六、图形图像文件类型

图片文件可分为位图图像和矢量图形两大类，通过计算机输入设备采集产生位图图像，而矢量图形由图的几何特性生成。下面从图片存储原理、体积大小、缩放特性、适用范围、制作工具等方面来了解矢量图形和位图图像的特点和区别。

1．矢量图形

矢量图形是由数学中的矢量数据所定义的直线和曲线组成的，根据图形的几何特性以数学公式的方式来描述对象，所存储的是作用点、大小和方向等线性信息，与分辨率无关。显示一幅矢量图形时，需要用软件读取矢量图形文件中的描述信息，通过绘画（Draw）程序，将其转换成屏幕上所能显示的颜色与形状。矢量图形可以在屏幕上任意被缩小、放大、改变比例甚至扭曲变形，在维持原有清晰度的同时，可以多次移动和改变属性，而不会影响图形的质量。一个矢量图形可以由若干部分组成，也可以根据需要被拆分为若干部分。我们可以将矢量图形缩放到任意大小和任意分辨率在输出的设备上打印出来，且不会遗漏细节或改变清晰度。矢量图形通常用于线条图、美术字、工程设计图以及复杂的几何图形和动画中。这些图形（如 Logo）在缩放到不同大小时仍然保持清晰的线条，矢量图形是文字（尤其是小字）和线条图形（如徽标）的最佳选择。

计算机上常用的矢量图形文件类型有 ai（用于 Illustrator 绘图）、max（用于 3ds Max 生成的三维造型）、dwg（用于 AutoCAD 制图）、wmf（用于桌面出版物）、cdr（CorelDRAW 矢量文件）等，如图 1-6 所示。矢量图形技术的关键是图形的制作和再现，图形只保存算法和特征点，相对于图像的大数据量，它占用的存储空间较小，但在屏幕每次显示时都需要经过重新计算。另外，在打印输出和放大时，矢量图形的质量高。

图1-6

2. 位图（点阵）图像

位图图像由若干个点组成，可将位图看成是描述像素的一个简单信息矩阵。矩阵中的任意一个元素对应图像中的一个点（称为像素）。像素是一种度量单位，可以用"位"来记录。计算机信息中最基本的单位是"位"，是计算机存储器开或关的一种状态，一般用 1 或 0（黑色或白色）来表示。许多不同的"位"组合起来，这些黑点或白点就会形成图像。形成的图像称作点阵图像，也称为位图。

位图图像由像素（定义图像中每个像素点的颜色和亮度）组成。像素是位图图像的基本单位，所以以像素点是能被独立赋予颜色和亮度的，可具有不同的颜色与亮度。每个像素都被分配一个特定位置和颜色值。一幅图像就是由大量的像素点拼合而成的，因此在对位图图像进行处理时，编辑的是像素而不是对象或形状。

位图图像在创建时必须指定分辨率和图像尺寸。分辨率为单位面积中像素点的数量，常用的单位为每英寸像素点。在单位面积的图像中，分辨率越高，图像的细致程度越高，所需的存储空间越大。创建一幅位图图像，最常用的方法是扫描一张照片，可以通过一个与大量绘图程序截然不同的绘图类型程序，在想象的栅格上添加彩色点或像素来创建。

位图图像的每个像素点可以用或多或少的"位"来记录，可以显示从两种颜色到数百万种颜色。黑白图常用 1 位值表示；灰度图常用 4 位（16 种灰度等级）或 8 位（256 种灰度等级）表示该点的亮度；而彩色图像则有多种描述方法，需由硬件（显卡）合成显示，如 8 位可以表示 256 种颜色、16 位可以表示 65 536 种颜色、24 位可以表示 1 600 万种以上的颜色（可达到照片逼真水平）。位图图像与分辨率有关，换句话说，它包含固定数量的像素，代表锯齿边缘，且会遗漏细节。由于位图图像忠实于每一个点，能够表现出绚丽多彩的图像，因此它在表现阴影和色彩（如在照片或绘图图像中）的细微变化方面能成功地表现出色彩深度、灯光及透明等性质，给人一种照片似的感觉，适合于表现层次和色彩比较丰富、包含大量细节的图像，典型的常用软件为 Photoshop。

矢量图形和位图图像的比较如图 1-7 所示。

矢 量 图 形　　　　　　　位 图 图 像

图1-7

七、图像存储格式

图像存储格式是图像文件存放在记忆卡上的格式。由于数码相机拍下的图像文件很大，但储存容量有限，因此图像通常都会经过压缩再存储。图像文件在计算机中的存储格式有多种，如 BMP、PSD、TIFF、GIF、JPEG、SWF、DXF、CDR、PNG、ICO、SVG 等格式。

1．BMP格式

BMP（Bitmap）格式是 Windows 操作系统中的标准图像文件格式，与硬件设备无关，能够被多种 Windows 应用程序所支持。这种格式的特点是包含的图像信息较丰富，几乎不进行压缩，但文件占用较大的存储空间。BMP 格式支持 RGB、索引颜色、灰度的位图颜色模式，但不支持 Alpha 通道。大多数图像处理软件都支持此格式，如 Windows 系统中自带的画图小工具、Photoshop、ACDSee 等。

2．PSD格式

PSD 格式是图像处理软件 Photoshop 的专用特殊格式。PSD 其实是 Photoshop 进行平面设计的一张"草稿图"，里面包含各种图层、通道等多种设计的样稿，便于下次打开文件时可以修改上一次的设计。在各种图像格式中，PSD 的存取速度比其他格式快得多。

3．TIFF格式

TIFF（Tagged Image File Format）格式是由 Aldus 公司为 Macintosh 机开发的一种图像文件格式，最早流行于 Macintosh。现在 Windows 上主流的图像应用

程序都支持该格式。

4．GIF格式

GIF（Graphics Interchange Format）格式是 CompuServe 公司开发的图像文件格式，采用了压缩存储技术。GIF 格式同时支持线图、灰度和索引图像，但最多支持 256 种色彩的图像。GIF 格式的特点是压缩比较高、磁盘空间占用较少、下载速度快、可存储简单的动画。由于 GIF 图像格式采用了渐显方式，即在图像传输过程中，用户先看到图像的大致轮廓，然后随着传输过程的继续而逐步看清图像中的细节，因此互联网上大量彩色动画多采用此格式。

5．JPEG格式

JPEG 格式是由联合图像专家组（Joint Photographic Experts Group）开发的，它既是一种文件格式，又是一种压缩技术。JPEG 格式作为一种灵活的格式，具有调节图像质量的功能，允许使用不同的压缩比例对此类格式的文件进行压缩。它采用了先进的压缩技术，用有损方式去除冗余的图像数据，在获取极高压缩率的同时展现十分丰富生动的图像。JPEG 格式应用非常广泛，大多数图像处理软件均支持。由于 JPEG 格式的文件尺寸较小，下载速度快，使得网络能以较短的下载时间提供大量精美图像，因此目前各类浏览器也都支持 JPEG 图像格式。

6．SWF格式

SWF（Shockwave Format）格式是利用 Flash 制作出的一种动画格式。这种格式的动画图像能够用比较小的体积来表现丰富的多媒体形式。该格式实现了下载与观看同步，特别适合网络传输。SWF 格式的动画是基于矢量技术制作的，因此画面的随意缩放不会影响图像的质量。采用 SWF 格式的作品以其高清晰度的画质和小巧的体积受到越来越多网页设计者的青睐，目前已成为网页动画和网页图片设计制作的主流。

7．DXF格式

DXF（Drawing Exchange Format）格式是 AutoCAD 中的矢量文件格式，以 ASCII 码方法存储文件，在表现图像的大小方面十分精确。许多软件都支持 DXF 格式的输入和输出，可被 CorelDRAW、3ds Max 等大型软件调用并编辑。

8．CDR格式

CDR 格式是著名绘图软件 CorelDRAW 的专用图形文件格式。由于 CorelDRAW 是矢量图形绘制软件，因此采用 CDR 格式可以记录文件的属性、位置和分页等。它在兼容性上比较差，虽在所有 CorelDRAW 应用程序中均能够使用，但使用其他图像编辑软件却无法打开该格式。

9．PNG格式

PNG（Portable Network Graphics）格式是 Macromedia 公司 Fireworks 软件的默认格式。PNG 格式是目前失真度最小的格式，汲取了 GIF 和 JPEG 两种格式的优点，存储形式丰富，兼有 GIF 和 JPEG 格式的色彩模式，其图像质量远胜 GIF 格式的图像。与 GIF 格式不同的是，PNG 格式不支持动画。由于 GIF 格式在把图像文件压缩到极限以利于网络传输的同时还保留了所有与图像品质有关的信息，并且具有很高的显示速度，因此也是一种新兴的网络图像格式。

10．ICO格式

ICO（Icon File）格式是 Windows 的图标文件格式的一种。图标文件可以存储单个图案、多尺寸、多色板的图标文件。一个图标实际上是多张不同格式的图片集合体，并且还包含一定的透明区域。

11．SVG格式

SVG 格式是一种可产生高质量交互式 Web 图形的可缩放矢量格式，基于 XML。SVG 格式是一种开放标准的矢量图形语言，可任意放大图形显示，边缘异常清晰。文字在 SVG 图像中保留可编辑和可搜寻的状态，没有字体的限制，生成的文件很小，下载速度很快，十分适用于设计高分辨率的 Web 图形页面。

第四节　常见的新媒体元素

媒体元素是指多媒体应用中可显示给用户的媒体形式。目前常见的新媒体元素主要有文本、图形、图像、音频、动画和视频等。

一、文本

文本（Text）是计算机文字处理程序的基础，也是多媒体应用程序的基础，如字母、数字、文章等。通过对文本显示方式的组织，多媒体应用系统可使显示的信息更易于被理解。

文本可以在文本编辑软件里制作。例如，Word 等编辑工具中所编辑的文本文件大都可被输入多媒体应用软件中，也可以直接在制作图形的软件或多媒体编辑软件中制作。

只有文本信息而没有其他任何有关格式信息的文本文件称为非格式化文本文

件或纯文本文件；带有各种文本排版信息等格式信息（如段落格式、字体格式、文章的编号、分栏、边框等）的文本文件称为格式化文本文件。文本的多样式是指文字的变化，即字的格式，如字的定位、字体、字形、字的大小以及这 4 种变化的各种组合。

二、图形

图形（Graphics）一般是指计算机生成的各种有规则的图，如直线、圆、圆弧、矩形、任意曲线等几何图和统计图等。图形的格式是一组描述点、线、面等几何图形的大小、形状及其位置、维数的指令集合。图形文件由于只记录生成图的算法和图上的某些特征点，因此也称为矢量图形。通过读取这些指令，并将其转换为屏幕上显示的形状和颜色而生成图形的软件，通常被称为绘图程序（如 Auto CAD 图纸）。在计算机还原输出时，相邻的特征点之间用特定的多段小直线连接形成曲线。曲线是一个封闭的图形，在屏幕上移动、旋转、放大、缩小、扭曲而不失真，不同的物体还可在屏幕上重叠并保持各自的特性，必要时仍可分开，如图 1-8 所示。

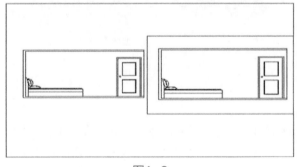

图1-8

三、图像

图像（Image）是指由输入设备捕捉的实际场景画面或以数字化形式存储的任意画面，计算机可以处理各种不规则的静态图片，如扫描仪、数码相机或数码摄像机输入的彩色或黑白图片等。

图形与图像在用户看来是一样的，但从技术上来说则完全不同。同样一幅图片，若采用图形媒体元素，其数据记录的信息是圆心坐标 (x, y)、半径 r 及颜色编码；若采用图像媒体元素，其数据文件则记录在哪些坐标位置上有什么颜色的像素点。所以图形的数据信息处理起来更灵活，而图像数据则与实际更加接近。

随着计算机技术的飞速发展，图形和图像之间的界限越来越小，它们融会贯通。例如，将文字或线条表示的图形扫描到计算机时，从图像的角度来看均是一种最简单的三维数组表示的点阵图，如图 1-9 所示。在经过计算机自动识别出文字或自动跟踪出线条时，点阵图就可形成矢量图。目前，手写汉字的自动识别、图文混排的印刷自动识别、印鉴以及面部照片的自动识别等，都是图像处理技术借用了图形生成技术。地理信息和自然现象的真实感图形表示、计算机动画和三维数据可视化等领域，在三维图形构造时又都采用了图像信息的描述方法。因此，了解并采用恰当的图形、图像形式，注重两者之间的联系，目前是人们在使用图像和图形时应考虑的重点。

图1-9

四、音频

将音频（Audio）信号集成到多媒体中，可提供其他任何媒体都不能取代的效果，不仅能烘托氛围，还增加了活力。音频信息增强了对其他类型所表达的信息的理解。"音频"常常作为"音频信号"或"声音"的同义词。声音具有音调、音强、音色三要素；音调与频率有关，音强与幅度有关，音色由混入基音的泛音所决定。声音主要分为波形声音、语音和音乐。

1．波形声音

波形声音实际上包含了所有的声音形式，用一种模拟的连续波形表示。在计算机中，任何声音信号都要先进行数字化（可以把话筒、磁带录音、无线电和电视广播、光盘等各种声源所产生的声音进行数字化转换），并能恰当地恢复出来。其相应的文件格式是 WAV 或 VOC。

2．语音

人的说话声音也是一种波，所以与波形声音的文件格式相同，如图 1-10 所示。

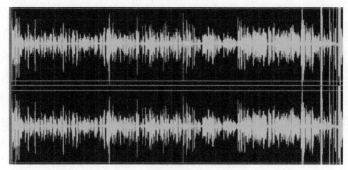

图1-10

3．音乐

音乐是符号化了的声音，这种符号就是乐谱，乐谱是转化为符号媒体的声音，常见的文件格式是 MID 或 CMF。

对声音的处理，主要是对声音的编辑和声音在不同存储格式之间的转换。计算机音频技术主要包括声音的采集、数字化、压缩 / 解压缩以及声音的播放。

五、动画

动画（Animation）是物体运动的轨迹，实质上是一幅幅静态图像的连续播放。动画的连续播放既指时间上的连续，也指图像内容上的连续，即播放的相邻两幅图像之间内容相差不大。动画压缩和快速播放是动画技术需要解决的重要问题，其处理方法有多种。计算机设计动画的方法有两种：一种是造型动画，另一种是帧动画。造型动画是对每一个运动的物体分别进行设计，赋予每个对象一些特征，如大小、形状、颜色等，然后用这些对象构成完整的帧动画。造型动画的每帧由图形、声音、文字、调色板等造型元素组成，用制作表组成的脚本控制动画中每一帧的元素行为。帧动画则是一幅幅位图组成的连续画面，就像电影胶片或视频画面一样，要分别设计每个视频显示的画面，如图 1-11 所示。

图1-11

使用计算机制作动画时，只要做好主动作画面，其余的中间画面都可以使用计算机内插功能来完成。不运动的部分直接复制过去，与主动作画面保持一致。当这些画面仅是二维的透视效果时，就是二维动画。如果通过 Auto CAD 等软件创造出空间形象的画面，就是三维动画。如果使其具有真实的光照效果和质感，就是三维真实感动画。存储动画的文件格式有 AVI、FLV、MOV 等。

创造动画的软件工具较复杂、庞大。高级的动画软件除具有一般绘画软件的基本功能外，还提供了丰富的画笔处理功能和多种实用的绘画方式，如平滑、虚边、打高光、涂抹、扩散、蒙版及背景固定等，调色板支持丰富的色彩。

六、视频

图像数据连续播放形成了视频（Video）。视频图像是来自摄像机或手机等视频信号源的影像，如光盘、网络上的电影和电视节目等。这些视频图像使多媒体应用系统功能更强大、更精彩。由于上述视频信号大多是标准的彩色全电视信号，要将其输入计算机中，不仅要有视频信号的捕捉，使其实现由模拟信号向数字信号的转换，还要有压缩、快速解压缩及播放的相应软硬件处理设备的配合。

电视主要有三大制式，即 NTSC（525/60）、PAL（625/50）、SECAM（625/50）。其中，括号中的数字为电视显示的线数和频率。例如，PAL 制式的扫描线数为 625 线，工作频率为 50Hz。当计算机对其进行数字化时，就必须在规定时间（如 1/30 秒）内完成量化、压缩和存储等多项工作，视频文件的存储格式为 AVI、MP4、MOV 等。

动态视频对于颜色空间的表示有多种情况，常见的是 R、G、B 三维彩色空间。另外，还有其他彩色空间表示，如 Y、U、V（Y 为亮度，U、V 为色差）和 H、S、I（H 为色调，S 为饱和度，I 为强度）等，并且还可以通过坐标变换而相互转换。

对于动态视频的操作和处理，除了在播放过程中的动作与动画相同外，还可以增加特技效果，如硬切、淡入、淡出、复制、镜像、马赛克、万花筒等，用于增加表现力，但这在媒体中属于媒体表现属性的内容。视频有以下几个重要的技术参数。

1. 帧速

视频是通过快速变化帧的内容来达到运动效果的。视频根据制式的不同有 30 帧 / 秒（NTSC）、25 帧 / 秒（PAL）等，有时为了减少数据量而减慢帧速，如只有 16 帧 / 秒也可以达到满意程度，但效果略差。

2. 数据量

如果不计压缩，视频的数据量应是帧速乘以每幅图像的数据量。图像的数据量很大，以至数据传输速度跟不上计算机显示速度，导致图像失真。此时只能在减少数据量上下功夫，除降低帧速外，还可以缩小画面尺寸，如 1/4 屏或 1/16 屏，都可以降低数据量（如 AE 特效合成）。

3．图像质量

图像质量除了原始数据质量外，还与视频数据压缩的倍数有关。一般来说，压缩比较小时，对图像质量不会有太大影响，而超过一定倍数后，将会明显看出图像质量下降。数据量与图像质量是一对矛盾，需要进行适当的分析。

本章小结 ↓

通过对本章内容的学习，读者对新媒体的概念、新媒体技术及其应用有了一个初步的认识和了解。常见的新媒体元素主要有文本、图形、图像、声音、动画和视频等。新媒体技术是利用计算机和移动设备对文本、图形、图像、声音、动画和视频等多种信息综合处理、建立逻辑关系和人机交互作用的技术。

思考与练习 ↓

1．填空题

（1）新媒体信息种类根据作用、表现形式和内容不同可分为_____、_____、_____、_____、_____五大类。

（2）位图图像是由一组_____组成的，可_____显示，但存储容量_____。

（3）计算机显示分辨率是计算机屏幕能显示的_____和_____像素数目。

2．简答题

（1）什么是新媒体？

（2）矢量图和位图的区别是什么？

（3）常见的新媒体元素有哪些？

（4）颜色模式中真彩色的含义是什么，一般计算机中的真彩色有多少种颜色，是如何计算的？

第二章

数字图像处理

学习目标

- 了解Photoshop CC 2019新增功能。
- 了解图形图像的基本概念、色彩及工具的基本操作。
- 掌握Photoshop的图层、路径、通道的使用技巧。
- 了解数字图像的应用处理。

数字图像是新媒体技术基础应用的主要来源。随着新媒体的快速发展，数字图像处理的应用领域也将随之不断扩大。各类新媒体图文编辑、手机海报、电商平台配图、平面印刷等场景均需要使用数字图像处理技术。下面通过案例来学习 Photoshop 的基础工具、图层、路径、通道、色彩校正、滤镜等使用技巧，使我们处理的图像更加令人赏心悦目、更容易博得用户的青睐。

第一节 Photoshop CC 2019简介

Photoshop 是 Adobe 公司开发的一款跨平台的图像处理软件，是专业设计人员的首选软件。Photoshop 主要处理以像素构成的数字图像，使用其众多的编辑与绘图工具，可以使用户有效地进行图片编辑工作。Photoshop 在新媒体图像、图形、文字、视频、出版等方面都有涉及。

一、Photoshop CC 2019新增功能

Photoshop 一路更新到现在，已升级至 20.0 版本，也就是大家熟知的 Photoshop CC 2019，其新增功能是最大看点。无论是图形图像的日常编辑，还是彻底变换，Photoshop CC 2019 提供了一整套用于将照片转换成艺术作品的专业工具，玩转颜色和效果等，让平凡变非凡。

1．全新的"内容识别填充"功能

全新的"内容识别填充"功能可以提供交互式编辑体验，进而获得无缝的填充结果，如图 2-1 所示。借助 Adobe Sensei 技术，设计人员可以选择要使用的源像素，也可以旋转、缩放和镜像源像素。

图2-1

2．可轻松实现蒙版功能的图框工具

只需将图像置入图框中，即可轻松遮住图像。使用"图框工具（K）"可快速创建矩形或椭圆形占位符图框，如图 2-2 所示。

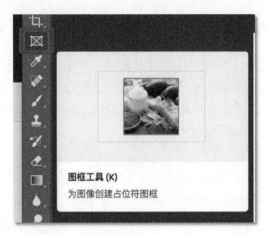

图2-2

3．新增多步撤销

使用 Ctrl+Z（Windows 系统）/Command+Z（Mac 系统）组合键可以在 Photoshop 文档中还原多个步骤，就像在 Creative Cloud 桌面应用程序中一样。默认情况下，系统会启用这种新增的还原多个步骤的模式。

4．双击以编辑文本

使用"移动工具"双击文档中的文字可以快速编辑文本，无须切换文字工具即可编辑文本，如图 2-3 所示。

图2-3

5．实时混合模式预览

滚动查看各个混合模式选项，以了解它们在图像上的外观效果。当在"图层面板"和"图层样式"对话框中滚动查看不同的混合模式选项时，Photoshop 将在画布上显示混合模式的实时预览效果。

6．对称模式

按照完全对称的图案，绘制画笔描边。使用画笔、混合器画笔、铅笔或橡皮擦等工具时，单击属性栏中的蝴蝶图标，从可用的对称类型中选择，如垂直、水平、双轴、对角、波纹、圆形、螺旋线、平行线、径向等。在绘制过程中，描边将在对称线上实时反映出来，让用户能够轻松创建复杂的对称图案。

7．使用"色轮"功能选取颜色

借助"色轮"功能可实现色谱的可视化图表，并且可以根据协调色的概念（如互补色和类似色）轻松选取颜色，如图2-4所示。

图2-4

8．分布间距

Photoshop可以通过在对象的中心点均匀布置间距来分布多个对象。即使对象的大小互不相同，也可以在这些对象之间均匀地分布间距，如图2-5所示。

图2-5

9．缩放UI大小的首选项

在缩放 Photoshop UI 时获得更多的控制权，并且可以独立于其他的应用程序对 Photoshop UI 单独进行调整，以获得恰到好处的字体大小。在"首选项"对话框中的"界面"选项卡（执行"编辑/首选项/界面"命令）中，新增了"缩放 UI 以适合字体"的设置。选中该复选框后，Photoshop 的整个 UI 将根据"用户界面字体大小"下拉列表中的选择（微小、小、中或大）进行缩放，如图 2-6 所示。

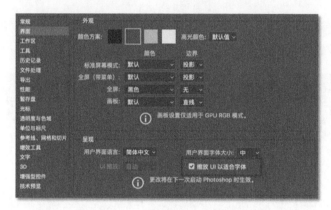

图2-6

10．Camera Raw新增功能

Camera Raw 是一款 Adobe 产品，提供了快速访问领先的中高端数码相机生成的原始图像格式的功能。用户通过使用这些"数字底片"，可以在保持原始文件的同时，以更大的艺术控制性和灵活性实现想要的结果。通过 Adobe Camera Raw，用户可以对来自各种不同相机的原始图像进行增强，以及将图像导入 Adobe 的各个应用程序。Photoshop CC 2019 版本自发布以来就成为专业摄影师调色的必备工具。Camera Raw 增效工具支持的相机包括佳能 EOS 7D、佳能 G11、佳能 S90、DM22、DM28、DM33、DM56、M18、M22、M31、奥林巴斯 E-P2、索尼 α850 等型号。

11．Lorem Ipsum占位符文本

在图像中置入新的文字图层时，可将"Lorem Ipsum"作为占位符文本。执行"编辑/首选项/文字"命令，在打开的对话框中选中"使用占位符文本填充新文字图层"复选框。

二、图像/设备/输出分辨率

图像分辨率是指在单位长度内所含有的像素数量的多少，单位有点/英寸（dots per inch，dpi）、像素/英寸（pixels per inch，ppi）、像素/厘米。一般用来

印刷的图像分辨率至少要为 300dpi 才可以，低于这个数值印刷出来的图像不够清晰。如果打印或者喷绘，只需要 72dpi 就可以了。分辨率越高，图像越清晰，所产生的文件越大，在工作中所需的内存和 CPU 处理时间越多。因此在制作图像时，不同品质的图像需设置适当的分辨率。

设备分辨率是指单位输出长度所代表的点数和像素。它与图像分辨率有所不同：图像分辨率可以更改，而设备分辨率不能更改。例如，平时常见的显示器、扫描仪和数码相机，各自都有一个固定的分辨率。

输出分辨率是指打印机等输出设备在输出图像的每英寸上所产生的点数。

三、软件安装要求和工作界面

为了使 Photoshop 更好地工作，在安装之前必须了解 Photoshop 对计算机配置的基本要求。Photoshop 在运行时需要占用大量的系统资源，所以对计算机硬件有较高的要求，推荐配置为：CPU（英特尔 i5 七代以上）、内存（配置 4GB DDR 以上）、显示器（1024 像素 ×768 像素以上）、显卡（独立显存 2GB 以上）、固态硬盘（120GB 以上）。

1．Photoshop对系统的要求

Adobe 支持 Windows、Android 和 Mac 操作系统。Linux 操作系统用户可以通过使用 Wine 来运行 Photoshop。由于 Photoshop 具有声音注释、录制和播放功能，因此声卡和话筒也是必不可少的设备。另外，Photoshop 最大的功能在于处理数字图像，因此数字图像的获取工具也是必不可少的。常用的获取数字图像的工具是数码相机（手机）或者平面扫描仪等。

2．Photoshop的界面构成

Photoshop 的工作界面（见图 2-7）典雅而实用，工具的选取、面板的访问、工作区的切换等都十分方便，为用户提供了更加流畅和高效的编辑体验。

图2-7

➢ 菜单栏：由文件、编辑、图像、图层、文字、选择、滤镜、视图、窗口等菜单组成。

➢ 属性栏：又称"选项栏"，会随着工具的改变而改变，用于设置工具属性。

➢ 工具箱：Photoshop 包含了 40 多种工具。工具图标中的小三角符号表示在该工具中还有与之相关的工具（隐藏工具）。

➢ 图像窗口：由标题栏、图像显示区、控制窗口图标组成，用于显示、编辑和修改图像。

➢ 浮动面板：窗口右侧的小窗口称为控制面板，用于改变图像的属性。

➢ 状态栏：由图像显示比例、文件大小（表示图像的容量大小，包括图像大小和实际图像大小）、浮动菜单按钮及工具提示栏组成。

3．优化Photoshop

使用 Photoshop CC 2019 时，如果感觉运行时不如以前流畅，就与计算机硬件配置或操作系统未优化有关。另外，还有一个很重要的原因，即 Photoshop 没有设置这几个选项功能：按 Ctrl+K 组合键，打开"首选项"对话框，参考图 2-8 设置常规选项参数，能够大幅提高 Photoshop 在处理不同类型图像时的工作效率。

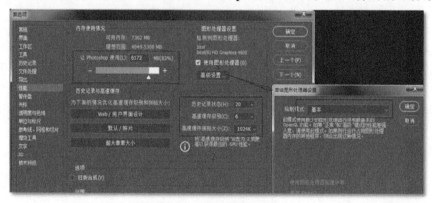

图2-8

四、文件操作

Photoshop 主要处理以像素构成的数字图像，使用众多的编修与绘图工具，可以有效地进行图片编辑工作。

Photoshop 文件的四大基本操作是新建、打开、存储（包含"存储为"）和关闭（包含"关闭全部"），是新手必须了解和掌握的操作。

1．新建图像文件

新建图像文件的方法：执行"文件 / 新建"命令或按 Ctrl+N 组合键，如果当前 Photoshop 中已经存在一个图像文件，那么可以在图像文件的标题栏上单击鼠标右键，在弹出的快捷菜单中选择"新建文档"命令，就会弹出"新建"对话框，如图 2-9 所示。

　　文档尺寸单位换算：1 英寸 =6 派卡 =72 点 ≈ 25.4 毫米 ≈ 2.54 厘米。

图2-9

2．打开图像文件

　　打开图像文件的方法：执行"文件 / 打开"命令或按 Ctrl+O 组合键，弹出"打开"对话框，如图 2-10 所示。另外，Photoshop 还有一个更为快捷地打开图像文件的方法——只需将鼠标指针放在程序界面空白处，双击即可快速执行"打开"命令。同其他程序一样，还可以直接将图像文件拖曳至 Photoshop 程序界面中打开图像文件。

图2-10

3．存储图像文件

　　存储图像文件的方法：执行"文件 / 存储"命令或按 Ctrl+S 组合键，如果当前 Photoshop 中已经存在一个图像文件，而且从未保存过或者保存过该文件后又对其进行修改，就可以直接单击该文档标题栏右上角的"关闭"按钮来关闭该文档，此时会弹出图 2-11 所示的"另存为"对话框。

图2-11

4．关闭图像文件

关闭图像文件的方法：执行"文件 / 关闭"命令或按 Ctrl+W 组合键，如果当前 Photoshop 中已经存在一个图像文件，也可以用鼠标右键单击图像文件的标题栏，在弹出的快捷菜单中选择"关闭"命令；如果要一次性关闭所有打开的图像文档，则可以执行"文件 / 关闭全部"命令或按 Alt+Ctrl+W 组合键。

第二节　Photoshop基础操作案例

一、手机街拍效果制作

最终效果图如图 2-12 所示。

图2-12

本实例介绍

手机街拍案例主要介绍剪贴蒙版和智能图层的应用，初步理解画面的虚实关系，将滤镜应用于智能对象层时将自动变成智能滤镜。

重点难点

图层蒙版
将样机模板应用于实践中

微信扫码观看操作视频

（1）打开"素材文件\第二章\手机街拍\自拍.jpg"图像文件，在"背景"图层上单击鼠标右键，选择"转换为智能对象"命令，如图2-13所示，将"背景"图层转换为智能对象图层。

图2-13

（2）按 Ctrl+J 组合键复制得到"图层0拷贝"图层，如图2-14所示（此时该图层的缩略图右下方有个小图标，表示"图层0拷贝"图层为智能对象图层）。

图2-14

（3）执行"文件/置入嵌入对象"命令，置入"素材文件\第二章\手机街拍\手机.psd"图像文件，等比例缩小并调整图像位置，如图2-15所示。

图2-15

（4）选择工具箱中的"矩形选区工具"，框选白色区域（手机屏幕大小），按Ctrl+J组合键复制得到"图层1"图层，如图2-16所示。

图2-16

（5）在"图层"面板中调整图层的顺序，将"图层0拷贝"图层移动到最上方，按Ctrl+T组合键调整图像大小和位置，如图2-17所示，将图像大小调整为手机屏幕大小。

图2-17

（6）按 Enter 键确认，在"图层 0 拷贝"图层上单击鼠标右键，选择"创建剪贴蒙版"命令，如图 2-18 所示（或长按 Alt 键在图层下方单击）。

图2-18

（7）将图像填充为手机屏幕大小的尺寸，如图 2-19 所示（在图层缩略图右侧有一个向下的小箭头，表示智能对象图层被"剪辑"到"图层 1"中）。

图2-19

（8）选择"图层 0"智能对象图层，执行"滤镜 / 模糊 / 高斯模糊"命令，打开"高斯模糊"对话框，设置"半径"为 16 像素，单击"确定"按钮，如图 2-20 所示，使背景具有模糊的效果。

图2-20

（9）手机街拍效果制作完成。后期应用只需更换一张不同的照片就可以实现不同的视觉效果。双击"图层 0"智能对象图标，如图 2-21 所示。

图2-21

（10）执行"文件 / 置入嵌入对象"命令，置入"素材文件 \ 第二章 \ 手机街拍 \ 太阳 .jpg"图像文件，调整图像大小，如图 2-22 所示。

图2-22

（11）按 Enter 键确认，按 Ctrl+S 组合键保存，单击手机街拍文件，最终效果如图 2-23 所示。

图2-23

> **结论**
>
> 　　智能滤镜提供了对图层的外观保护，读者可以大胆地修改，而不用担心会损坏原始图像像素。

二、宠物店铺海报制作

最终效果图如图 2-24 所示。

图2-24

本实例介绍

电商店铺海报是近年来十分流行的设计制作。由最先开始上传商品照片修复瑕疵，到对店铺的装修和排版，现在越来越多的店主更加重视自己店铺的设计。店铺海报越漂亮，就越能吸引用户点击链接进入店铺浏览商品。

重点难点

制作海报
版式设计

微信扫码观看操作视频

（1）执行"文件 / 新建"命令，弹出"新建"对话框，创建一个空白文档，设置文档大小为"640 像素 ×300 像素"、分辨率为"72 像素 / 英寸"、颜色模式为"RGB 颜色"，如图 2-25 所示。

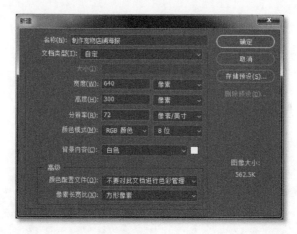

图2-25

（2）单击工具箱中的"前景色色块"工具，设置色标为"R:211、G:114、B:145"；单击"背景色色块"工具，设置色标为"R:253、G:188、B:210"，如图2-26所示。

图2-26

（3）选择工具箱中的"渐变工具" ，在属性栏中选择"线性渐变"选项，长按 Shift 键的同时在画布中绘制渐变，效果如图 2-27 所示。

图2-27

（4）打开"素材文件\第二章\宠物店铺海报\dog.jpg"图像文件，执行"选择/主体"命令，效果如图 2-28 所示。

图2-28

（5）执行"选择/选择并遮住"命令，如图 2-29 所示。

图2-29

（6）在左侧工具栏中选择"调整边缘画笔工具"，在右侧的"属性"面板中的
"视图模式"下拉列表中选择"黑白"选项，沿图像边缘涂抹，如图 2-30 所示。

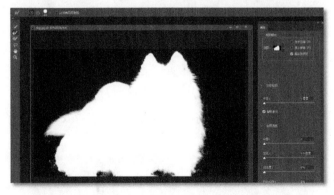

图2-30

（7）选中"智能半径"复选框，在"全局调整"选项组中设置"羽化"为 0.7
像素，在"输出设置"选项组中选中"净化颜色"复选框并输出到"新建带有图
层蒙版的图层"，如图 2-31 所示。

图2-31

（8）选择"移动工具"，将编辑好的图像拖曳至当前正在编辑的文档中，按 Ctrl+T 组合键自由变换，调整图像大小和位置，如图 2-32 所示。

图2-32

（9）选择工具箱中的"椭圆工具"，在属性栏中选择"形状"选项，设置填充色标为"R:253、G:188、B:210"，长按 Shift 键的同时在视图中绘制图形，如图 2-33 所示。

图2-33

（10）选择"移动工具"，将图形移动到下方，按 Ctrl+T 组合键调整图像大小和位置，如图 2-34 所示。

图2-34

（11）长按 Alt 键移动对象，复制"椭圆 1"图层得到"椭圆 1 拷贝"图层，设置图层的"不透明度"为 60%，如图 2-35 所示。

图2-35

（12）使用相同的方法，为"椭圆 1 拷贝"图层复制多个图层，并调整不同的大小、位置、不透明度，如图 2-36 所示。

图2-36

（13）选择"文字工具" T，在视图内单击并输入"宠"字，在属性栏中设置字体为"宋体"、大小为"180 点"，如图 2-37 所示。

图2-37

（14）打开"素材文件 \ 第二章 \ 宠物店铺海报 \ 书法笔触 .psd"图像文件，选择"移动工具" ，在"图层"面板中的"部首二"中选择笔画"图层27"图层，如图 2-38 所示。

（15）将选择好的笔画拖曳至当前正在编辑的文档中，按 Ctrl+T 组合键调整图像大小和位置，如图 2-39 所示。

图2-38

图2-39

（16）选择笔画"图层41"，拖曳至当前正在编辑的文档中，按Ctrl+T组合键调整图像大小和位置，如图2-40所示。

图2-40

（17）在"图层"面板中单击"眼睛"图标隐藏图层，长按Ctrl键并单击"图层1"和"图层2"图层，选择两个图层，如图2-41所示。

图2-41

（18）按 Ctrl+E 组合键将所选图层合并为"图层 2"图层，如图 2-42 所示。

图2-42

（19）执行"文件 / 置入嵌入对象"命令，置入"素材文件 \ 第二章 \ 宠物店铺海报 \gold.jpg"图像文件，调整图像大小和位置，如图 2-43 所示。

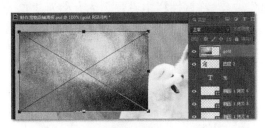

图2-43

（20）按 Enter 键确认，在当前图层"gold"图层单击鼠标右键，在弹出的快捷菜单中选择"创建剪贴蒙版"命令，如图 2-44 所示。

图2-44

（21）选择"图层2"图层，按 Ctrl+J 组合键复制得到"图层2 拷贝"图层，单击"图层2"图层，选择"移动工具"  ，向右下移动位置制作阴影，如图 2-45 所示。

图2-45

（22）选择"文字工具"  ，在视图中单击并输入"物店铺"文字，在属性栏中设置字体为"汉仪综艺体简"、字体大小为"72 点"，如图 2-46 所示。

图2-46

（23）选择"物"文字，在属性栏中设置字体大小为"42 点"，如图 2-47 所示。

图2-47

（24）选择"店铺"文字，在属性栏中设置字体为"汉仪秀英体简"，如图 2-48 所示。

图2-48

（25）在"图层"面板底部单击"添加图层样式"按钮 **fx**，在弹出的下拉列表中选择"描边"选项，如图 2-49 所示。

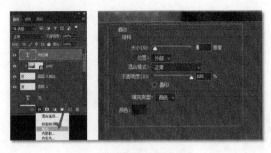

图2-49

（26）在打开的对话框中调整描边的"大小"为 6 像素，设置颜色色标为"R:147、G:46、B:47"，单击"确定"按钮关闭对话框，描边效果如图 2-50 所示。

图2-50

（27）选择工具箱中的"自定形状工具" **花**，在属性栏中设置填充色色标为"R:136、G:171、B:218"，设置形状宽度为"1.5 像素"，在"形状"面板中选择"爪印（猫）"形状开始绘制，如图 2-51 所示。

图2-51

结论

制作海报需遵循三个基本和三个原则。

三个基本：主题、色彩搭配、版式。

三个原则：简洁明确、以少胜多、表现主题。

第三节 Photoshop中级操作案例

一、电商主图制作

最终效果图如图2-52所示。

图2-52

本实例介绍

电商主图是商品展示出来的图片，针对性强、清晰精致、突出卖点、创意新颖、色调舒适，总体要求是让人一目了然，为浏览者展现直观的物品信息（主图的重要元素）。

重点难点

钢笔工具的精准抠图
版式设计技巧

微信扫码观看操作视频

（1）执行"文件/新建"命令，新建"电商主图"文件，设置宽度和高度均为"800像素"、分辨率为"72像素/英寸"、颜色模式为"RGB颜色"，如图2-53所示。

（2）单击工具箱中的"前景色色块"工具，设置色标为"R:16、G:9、B:105"；单击"背景色色块"工具，设置色标为"R:43、G:159、B:241"，如图2-54所示。

图2-53

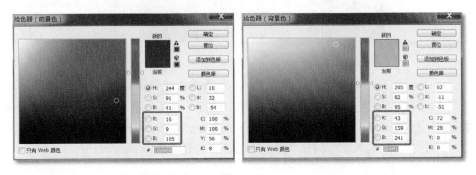

图2-54

（3）选择工具箱中的"渐变工具" 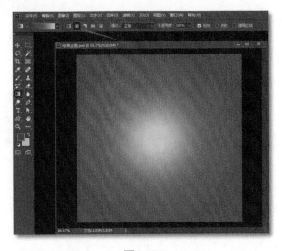，在属性栏中选择"径向渐变"选项，长按 Shift 键的同时在画布中绘制渐变，效果如图 2-55 所示。

图2-55

（4）打开"素材文件\第二章\电商主图\baicai.jpg"图像文件，选择"钢笔工具" （这里为图标），在属性栏中选择"路径"选项，放大图像，勾勒出封闭轮廓，如图2-56所示。

（5）打开"路径"面板，在当前"路径1"上单击鼠标右键，在弹出的快捷菜单中选择"建立选区"命令，如图2-57所示。在打开的对话框中单击"确定"按钮即可创建选区。

图2-56

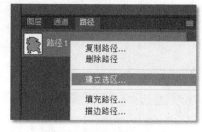

图2-57

（6）执行"选择/反选"命令或按Ctrl+Shift+I组合键反选，如图2-58所示。

（7）选择"钢笔工具"（这里为图标），在属性栏中选择"路径"选项，在"路径"面板的"路径1"上单击鼠标右键，选择"建立选区"命令，然后在弹出的对话框中选中"从选区中减去"单选按钮，单击"确定"按钮，如图2-59所示。

图2-58

图2-59

（8）按Ctrl+J组合键复制得到"图层1"图层，执行"滤镜/Camera Raw滤镜"命令，在打开的对话框中的"色相"面板中分别调整"绿色"选项为"+23"、"浅绿色"选项为"+13"，单击"确定"按钮，如图2-60所示。

图2-60

（9）将选择好的"玉白菜"拖曳至当前正在编辑的文档中，按 Ctrl+T 组合键调整图像大小和位置，如图 2-61 所示。

（10）按 Ctrl+J 组合键复制得到"图层 1 拷贝"图层，选择"图层 1"图层，长按 Ctrl 键并单击鼠标载入选区，如图 2-62 所示。

图2-61

图2-62

（11）执行"编辑／填充"命令,弹出"填充"对话框,将内容设置为"黑色",如图 2-63 所示。

图2-63

（12）按 Ctrl+D 组合键取消选区，按 Ctrl+T 组合键自由变换，长按 Ctrl 键调整大小，其位置如图 2-64 所示。

图2-64

（13）按 Enter 键确认，执行"滤镜/模糊/高斯模糊"命令，弹出"高斯模糊"对话框，设置半径为 5 像素，单击"确定"按钮，如图 2-65 所示。

图2-65

（14）选择工具箱中的"文字工具" T，在视图中单击并输入"西北之情"文字，在属性栏中设置字体为"汉仪综艺体简"、字体大小为"60 点"，如图 2-66 所示。

图2-66

（15）选择工具箱中的"圆角矩形工具" ，在属性栏中设置填充色色标为"R:136、G:171、B:218"、描边为无、半径为"10 像素"，在视图中绘制形状，如图 2-67 所示。

图2-67

（16）选择工具箱中的"文字工具" T ，在视图中单击并输入"商务好礼 百财临门"文字，在属性栏中设置字体为"汉仪综艺体简"、字体大小为"26点"，效果如图2-68所示。

图2-68

（17）选择工具箱中的"椭圆工具" ⭕ ，在属性栏中设置填充色色标为"R:136、G:171、B:218"、描边宽度为"3像素"，在视图中绘制形状，如图2-69所示。

图2-69

（18）选择工具箱中的"文字工具" T ，在视图中单击并输入"双11来了全场5折"文字，在属性栏中设置字体为"汉仪综艺体简"、字体大小为"30点"，效果如图2-70所示。

图2-70

（19）单独选择"5折"文字,调整字体的大小为"50点";再选择"全场"文字,设置字体的大小为"16点",效果如图2-71所示。

图2-71

结论

制作电商主图时,要以实现宣传产品为目的。使用"钢笔工具"精准抠图,不易出错,容易修改,不易失真。

二、图像校正和调色

调整前后的效果图如图2-72所示。

图2-72

本实例介绍

我们在随手拍照时，难免会拍歪、手抖、镜头歪斜，从而导致照片不太好看，或者因光线问题导致照片色彩不自然，此时可以使用简单的方法快速解决此类问题。

重点难点

裁剪工具中的拉直
色阶调色技巧

微信扫码观看操作视频

（1）打开"素材文件＼第二章＼图像校正＼car.jpg"图像文件，选择工具箱中的"裁剪工具" ，在属性栏中单击"拉直"按钮 ，如图2-73所示。

图2-73

（2）沿着图像的地平线方向拖曳一条线，如图2-74所示。

图2-74

（3）释放鼠标，系统会自动对图像进行调整，如图2-75所示。
（4）用鼠标拖曳四角来调整大小，显示出完整图像，如图2-76所示。

（5）按 Enter 键确认，在工具箱中选择"多边形套索工具" ，在属性栏中单击"添加到选区"按钮，如图 2-77 所示。

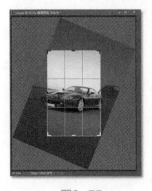
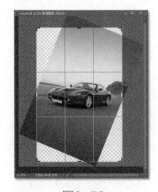

图2-75　　　　　　　图2-76　　　　　　　图2-77

（6）执行"编辑/填充"命令，弹出"填充"对话框，设置"内容"为"内容识别"，如图 2-78 所示。

（7）单击"确定"按钮，按 Ctrl+D 组合键取消选区，如图 2-79 所示。

图2-78　　　　　　　　　　　　　　图2-79

（8）按 Ctrl+L 组合键打开"色阶"对话框，选择"在图像中取样以设置黑场"吸管工具 ，单击图像暗区，如图 2-80 所示。

图2-80

（9）选择"在图像中取样以设置白场"吸管工具 ，单击图像亮区，如图 2-81 所示。

图2-81

（10）单击"确定"按钮，执行"文件 / 置入嵌入对象"命令，置入"素材文件 \ 第二章 \ 图像校正 \cloud.jpg"图像文件，调整图像大小和位置，如图 2-82 所示。

（11）按 Enter 键确认，选择"图层 0"图层，按 Ctrl+J 组合键复制得到"图层 0 拷贝"图层，如图 2-83 所示，然后将"图层 0"图层移动到最上方。

图2-82　　　　　　　　　　　　　　　　图2-83

（12）在"图层 0 拷贝"图层上单击鼠标右键，在弹出的快捷菜单中选择"混合选项"命令，弹出"图层样式"对话框，设置混合颜色带为"蓝"，长按 Alt 键调整"本图层"数值为"90/255"，如图 2-84 所示。

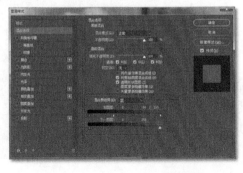

图2-84

> **结论**
>
> （1）使用"裁剪工具"拉直图像。
>
> （2）使用"色阶"对话框中的吸管工具调整色彩，要多实践操作。

三、立体文字制作

最终效果图如图 2-85 所示。

图2-85

本实例介绍

为了凸显文字的重要性，让文字带有立体效果，会使海报产生高端、大气、上档次的视觉感。

重点难点

滤镜扭曲和图像旋转
调色融入背景

微信扫码观看操作视频

（1）执行"文件/新建"命令，弹出"新建"对话框，设置宽度和高度均为"1000 像素"、分辨率为"72 像素/英寸"、背景内容为"黑色"，如图2-86 所示。

图2-86

（2）选择工具箱中的"文字工具" ，在视图中单击并输入"新媒体"文字，在属性栏中设置字体为"汉仪综艺体简"、字体大小为"180 点"，如图 2-87 所示。

图2-87

（3）选择"媒"文字，设置字体大小为"120 点"，如图 2-88 所示。

图2-88

（4）选择工具箱中的"自定形状工具" ，在"形状"面板中单击"设置"按钮 ，在打开的列表中选择"全部"选项，如图 2-89 所示。

（5）在弹出的对话框中单击"追加（A）"按钮，如图 2-90 所示。

图2-89

图2-90

（6）选择"五角星边框"选项，长按 Shift 键在工作区中绘制五角星，如图 2-91 所示。

图2-91

（7）长按 Ctrl 键单击"形状 1"图层和"新媒体"图层，按 Ctrl+E 组合键将其合并为"形状 1"图层，如图 2-92 所示。

（8）按 Ctrl+J 组合键复制得到"形状 1 拷贝"图层，单击"形状 1"图层的"眼睛"图标隐藏图层，如图 2-93 所示。

图2-92

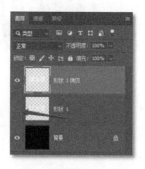

图2-93

（9）执行"滤镜 / 扭曲 / 极坐标"命令，弹出"极坐标"对话框，选中"极坐标到平面坐标"单选按钮，如图 2-94 所示。

图2-94

（10）执行"图像/图像旋转/90度（顺时针）"命令，效果如图2-95所示。

图2-95

（11）执行"滤镜/风格化/风"命令，弹出"风"对话框，设置方法为"风"、方向为"从左"，如图2-96所示。

图2-96

（12）连按四次 Ctrl+Alt+F 组合键，重复应用滤镜以加强风的效果，如图2-97所示。

（13）执行"图像/图像旋转/90度（逆时针）"命令，如图2-98所示。

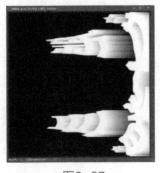 

图2-97 图2-98

（14）执行"滤镜/扭曲/极坐标"命令，弹出"极坐标"对话框，选中"平面坐标到极坐标"单选按钮，如图2-99所示。

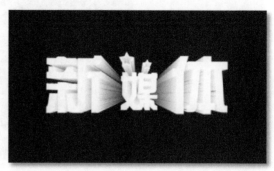

图2-99

（15）单击"形状1"图层的"眼睛"图标显示图层，移动图层到最上面，如图2-100所示。

图2-100

（16）选择工具箱中的"渐变工具" ，在属性栏中选择"色谱"选项，如图2-101所示。

（17）选择"形状1"图层，在"图层"面板中单击"锁定透明像素"按钮，从上到下拖曳鼠标，如图2-102所示。

（18）打开"素材文件\第二章\立体文字\fj.png"图像文件，选择工具箱中的"裁剪工具" ，在属性栏

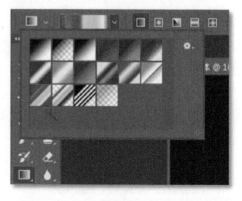

图2-101

中设置裁剪图像的宽度为"640 像素"、高度为"300 像素"、分辨率为"72 像素 / 英寸"，如图 2-103 所示。

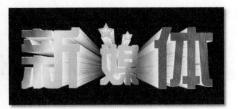

图2-102

图2-103

（19）长按 Ctrl 键选择"形状 1"和"形状 1 拷贝"图层，如图 2-104 所示。

图2-104

（20）选择工具箱中的"移动工具"，将编辑好的图像拖曳至当前正在编辑的文档中，按 Ctrl+T 组合键调整图像大小和位置，如图 2-105 所示。

图2-105

> **结论**
>
> 　　本节主要学习滤镜使用方法和立体化文字的制作过程，即使不使用第三方软件也可以制作出三维效果。

一、视觉合成效果制作

最终效果图如图 2-106 所示。

图2-106

本实例介绍

　　我们经常会见到视觉冲击效果极强的海报，如图像中的事物从各种屏幕中穿越而出，以达到吸引用户眼球的目的。

重点难点

　　图像的选择
　　剪贴蒙版的应用

微信扫码观看操作视频

　　（1）打开"素材文件＼第二章＼视觉合成＼显示器 .psd"图像文件，选择工具箱中的"矩形选框工具" ，框选显示器屏幕，如图 2-107 所示。
　　（2）按 Ctrl+J 组合键复制得到"图层 1"图层，如图 2-108 所示。

图2-107

图2-108

（3）执行"文件/置入嵌入对象"命令，置入"素材文件\第二章\视觉合成\钢铁侠.jpg"图像文件，调整图像大小和位置，如图2-109所示。

图2-109

（4）长按Alt键，在"钢铁侠"图层和"图层1"图层之间单击创建剪贴蒙版，如图2-110所示。

图2-110

（5）执行"选择/主体"命令，按 Ctrl+J 组合键复制得到"图层2"图层，如图 2-111 所示。

图2-111

（6）选择工具箱中的"矩形选框工具" ▦，框选下方露出的部分，如图 2-112 所示。

图2-112

（7）按 Delete 键删除，按 Ctrl+D 组合键取消选区，如图 2-113 所示。

图2-113

结论

（1）合理地使用剪贴蒙版，让屏幕中的主体更具视觉冲击力。

（2）剪贴蒙版还有很多用途，可以制作出一些特殊的效果，如让文字更有金属质感、图像虚化等。

二、通道抠图制作

最终效果图如图 2-114 所示。

图2-114

本实例介绍

许多半透明的图案要融入场景中，仅靠一般的抠图工具是无法让其自然地融入画面中的，尤其是一些色差较大的图像合成。本实例通过"通道抠图"方式，让火焰自然融入背景图像中。

重点难点

通道抠图
匹配颜色使用方法

微信扫码观看操作视频

（1）打开"素材文件 \ 第二章 \ 通道抠图 \ 火焰 .jpg"图像文件，在"通道"面板中选择"绿"通道，单击鼠标右键，选择"复制通道"命令，打开"复制通道"对话框，复制通道为"绿 拷贝"，如图 2-115 所示，单击"确定"按钮。

图2-115

（2）按住 Ctrl 键单击"绿 拷贝"通道载入"选区"，如图 2-116 所示。

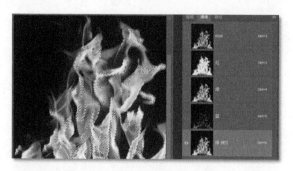

图2-116

（3）单击 RGB 通道，选择火焰，如图 2-117 所示。

图2-117

（4）选择"图层"面板，按 Ctrl+J 组合键复制得到"图层 1"图层，如图 2-118 所示。

图2-118

（5）打开"素材文件\第二章\通道抠图\火焰山 .jpg"图像文件，选择工具箱中的"移动工具" ⊕，将火焰图像文件中的"图层 1"图层移动到火焰山图像文件中，按 Ctrl+T 组合键调整图像大小和位置，如图 2-119 所示。

（6）单击"图层"面板下方的"添加图层蒙版"按钮 ◘，如图 2-120 所示。

图2-119　　　　　　　　　　　　　　　　图2-120

（7）选择工具箱中的"画笔工具" ，设置前景色为黑色，在火焰上涂抹，如图 2-121 所示。

图2-121

（8）打开"素材文件\第二章\通道抠图\骆驼.jpg"图像文件，执行"选择/主体"命令，如图 2-122 所示。

图2-122

（9）选择工具箱中的"移动工具" ，将所选主体移动到正在编辑的场景中，按 Ctrl+T 组合键调整图像大小和位置，如图 2-123 所示。

图2-123

（10）执行"图像/调整/匹配颜色"命令，在"匹配颜色"对话框中调整"源"为"火焰山.jpg"、"图层"为"背景"、"渐隐"为"29"，单击"确定"按钮，如图2-124所示。

图2-124

结论

使用"通道抠图"方式会让火焰、半透明和毛发的元素更加自然。合成图像色彩融合，使用"匹配颜色"会让元素融入当前场景环境中，不会看起来特别突兀和不真实。

三、数码全景图合成

最终效果图如图2-125所示。

图2-125

本实例介绍

Photoshop为了迎合智能时代的快速发展，在新版本中增加了许多智能化功能。全景拼接的原理是将多张连续的照片拼接成一张全景照片。

重点难点

图像合并
后期裁剪和色彩校正

微信扫码观看操作视频

（1）执行"文件／自动／Photomerge"命令，弹出 Photomerge 对话框，如图 2-126 所示。

图2-126

（2）单击"浏览"按钮，找到文件（在"素材文件＼第二章＼全景图＼自动合成"文件夹内），如图 2-127 所示。

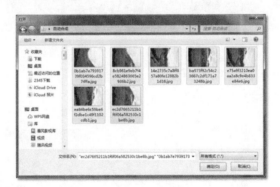

图2-127

（3）单击"确定"按钮，就会自动合成全景图像，如图 2-128 所示。

图2-128

（4）选择工具箱中的"裁剪工具"，在画布上裁剪，如图 2-129 所示。

图2-129

（5）按 Enter 键确认，按 Ctrl+Alt+shift+E 组合键盖印图层，自动生成"图层 1"图层，如图 2-130 所示。

图2-130

（6）按 Ctrl+L 组合键弹出"色阶"对话框，如图 2-131 所示，通过直方图观察图片中的明暗关系。

图2-131

（7）选择第一个吸管工具，在图像中取样，设置黑场；选择第三个吸管工具，在图像中取样，设置白场，如图 2-132 所示。

（8）执行"文件 / 置入嵌入对象"命令，置入"素材文件 \ 第二章 \ 全景图 \ 天空 .jpg"图像文件，调整图像大小和位置，如图 2-133 所示。

图2-132

图2-133

（9）按 Enter 键确认，选择"图层 1"图层，移动到最上方，如图 2-134 所示。

图2-134

（10）选择"图层 1"图层，单击鼠标右键，在弹出的快捷菜单中选择"混合选项"命令，打开"图层样式"对话框，如图 2-135 所示。

图2-135

（11）设置"混合颜色带"为"蓝"，长按 Alt 键在下方的"本图层"往左拖动滑块到 188，如图 2-136 所示，单击"确定"按钮。

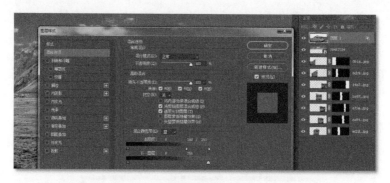

图2-136

（12）按 Ctrl+J 组合键复制得到"图层 1 拷贝"图层，在当前图层上单击鼠标右键，选择"清除图层样式"命令，即可清除样式，如图 2-137 所示。

图2-137

（13）长按 Alt 键单击"图层"面板下方的"添加图层蒙版"按钮，如图 2-138 所示。

图2-138

（14）选择"画笔工具" （按 F5 键可设置画笔笔尖属性），设置前景色为黑色，处理图像瑕疵，如图 2-139 所示。

图2-139

> **结论**
>
> 　　Photoshop 提供的自动拼接功能能将环拍的照片合并为一张 360° 全景照片，再现拍摄现场。拼接成功的照片需要进行调整，其中色彩调整是比较难的，也是 Photoshop 较难掌握的，多练习一定能做得更好。

本章小结 ↓

本章主要介绍数字图像处理的一些基本概念，熟练地使用平面图片处理工具可以帮助我们设计出精美的作品。Photoshop 是目前较为流行的专业图形图像处理软件，它强大的图形处理功能被广泛应用于新媒体的各个领域。读者可以通过实例掌握图层、选区、蒙版、画笔、路径、滤镜等基本工具的使用技巧，满足对日常图片处理的需求。

思考与练习 ↓

1. 填空题

（1）Photoshop 2019 中基本的规则选区有_____、_____和_____。

（2）Photoshop 2019 中是通过_____对话框来实现前景颜色和背景颜色设置的。

（3）使用路径勾勒出的形状可以进行搭边和_____操作，还可以把路径转化为_____。

2. 操作题

（1）使用 Photoshop CC 2019 将个人照片合成到风景照片中。

（2）综合利用所学的 Photoshop CC 2019 图片处理软件制作一张有特定主题的海报。

第三章

UI/UX及VR/AR
交互设计

🔍 学习目标

- ✈ 了解并掌握UI/UX交互设计概念。
- ✈ 使用Axure RP制作完整的手机交互流程。
- ✈ 了解VR/AR（虚拟现实/增强现实）人机交互技术。

　　随着互联网的不断发展，VR 和 AR 已经慢慢地面向我们，在未来，人工智能或许会成为我们生活中不可或缺的一部分。人工智能和 UI/UX 设计有什么关系呢？作为 UI/UX 设计师，在为人工智能的变革塑造出一个个适应用户需求的界面的同时还要保证交互设计。

UI/UX交互设计

　　人工智能是未来发展的必然趋势，UI 设计师或 UX 设计师不能局限于自己所掌握的专业技能，而是要更进一步地提高交互体验，这会让 UX 的价值越来越大。所以，UI/UX 设计师要改变自己的思维模式，拓展设计思路和设计方法，用前瞻性的眼光去做设计。随着智能大屏设备的普及、移动软件产品开发成本的降低，相关领域的大型公司纷纷成立移动产品设计部，App 创业型公司也快速崛起。快速地把市场需求转化为产品交互框架，已成为所有公司的迫切需求。这就要求无论是产品经理、程序员还是 UI 界面设计人员，都需要学习相关的知识。

一、人机交互设计概念

　　人机交互（Human-Computer Interaction，HCI）是指人与计算机之间使用某种对话语言，以一定的交互方式，为完成确定任务的人与计算机之间的信息交换过程。HCI 主要包含 5 个方面的主题：人机交互的特性、计算机的相关性、人的特性、计算机系统和界面架构，以及系统开发的规范和过程。人机交互设计涉及的学科如图 3-1 所示。

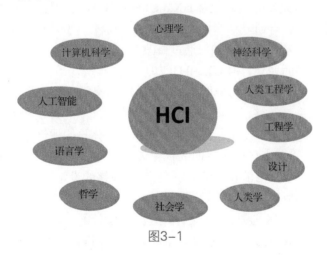

图3-1

二、产品相关的各种岗位职能

　　UI/UX 设计师负责企业互联网产品视觉设计（包括主次界面风格、版面布局细节处理、icon 绘制等）相关制作，还负责互联网的移动应用 App、网站等各端 UI 界面设计、UX 交互设计与流程设计，根据产品原型进行具体效果图设计。

1. UI设计师

UI 设计师是指从事软件的人机交互、操作逻辑、界面美观的整体设计工作的人员。UI 设计不只是让软件变得有个性、有品位，更重要的是让软件的操作变得舒适、简单、易用，并且充分体现软件的定位和特点。

2. UX设计师

UX 设计指以用户体验为中心的设计。UX 设计师专注于产品流程设计，探索用多种方案来解决问题，为用户提供友好的产品体验。

三、UI/UX基本概念

日常生活中，我们常把 UI 与 UX 混淆使用。从字面上解释，用户界面（User Interface，UI）是系统和用户之间进行交互和信息交换的媒介，它实现信息的内部形式与人类可以接受形式之间的转换。而使用者经验（User Experience，UX）以使用者为中心，涵盖范围极广，包含界面设计、视觉风格、色彩搭配、可使用性、程序效能、功能运作、心理分析等元素，而这众多元素之间是相互关联与影响、无法被分割的。

UI 与 UX 是两个不同但彼此相连的概念。UI 设计的过程，几乎渗透到 UX 的每一个节点，但更多的是去配合 UX。UI 塑造了 UX，但还是要先决定自己要达到何种 UX，然后再通过恰当的 UI 来实现。同样，如果 UX 有问题，就要先找出并深入分析问题，再思考如何通过修改 UI 来解决问题。尽管很多 App 端的设计方面各自区别而独立，但 UX 和 UI 却紧密相连。

UX 范围较大，UX 设计师研究的对象是用户使用这个产品过程中的所有感受，如听觉、视觉、触觉、嗅觉、味觉等。我们在产品的开发和运营过程中，通常提到的"可用、易用、爱用"可以简单看作用户体验的评价标准。

UI 的范围主要是用户操作界面的视觉设计，如图 3-2 所示。UI 设计师的主要职责是目标用户审美习惯和趋向的研究、界面风格的设定以及细节的美工制作、产品性格的阐述和情感的表达（如表现出大气、商业性或者科技感等）。

UI 与 UX 有什么区别呢？ UI 设计师是图形设计师，重点放在美学，确保应用程序的界面具有吸引力、视觉刺激、主题鲜明，以符合应用程序的宗旨或个性，他们需要确保每一个单独的视觉元素无论是在美学上还是在最终目标上都保持统一；UX 设计师则要负责一定的产品迭代分析，他们会设计原型图（高保真原型图）以获得用户反馈，最后将这些信息应用到设计中。UI 和 UX 设计人员之间的持续沟通和协作有助于确保最终的用户界面既美观又实用，项目设计分工的结构图如图 3-3 所示。

图3-2

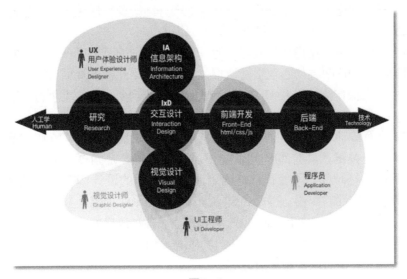

图3-3

四、交互设计

交互设计是人与产品（系统 / 应用 / 服务等）互动交流沟通的过程设计，产品的输入方式是否直观、简单、清晰、安全，产品的输出方式在不同环境中的适应性，以人类和文化角度表述而易于被理解。交互的目标是让用户容易理解，层次清晰，功能区块划分明确，区分可交互元素与不可交互元素，入口要明确，区分优先级；让用户操作简单，符合常规的操作流程，符合平台的交互特性和产品自身操作的一致性，能够及时反馈，交互路径更短，减少用户记忆，减少输入，帮助用户做选择。

1. 交互设计师应该具备的基本能力

交互设计师是指参与对产品与它的使用者之间的互动机制进行分析、预测、定义、规划、描述和探索过程的设计师，应具备以下能力。

（1）了解用户体验设计、可用性原则：是以用户为中心的一种设计手段、以用户需求为目标而进行的体验，让一群具有代表性的用户对产品进行典型操作，同时观察员和开发人员在一旁观察、聆听、做记录。

（2）信息挖掘、用户调研、数据分析：信息挖掘是从大量训练样本的基础上得到数据对象间的内在特征，并以此为依据进行有目的的信息提取。用户调研是通过各种方式得到受访者的建议和意见，并对此进行汇总，研究事物的总特征。数据分析所得到的用户需求，会比用户调研得到的更可靠些。因为很多时候用户表达的都是自己想要的，而不是真正需要的，但用户行为所遗留下的数据却是真实的。

（3）良好的逻辑能力：交互设计师要能很好地把逻辑性融入产品的方案设计中，保证所设计的方案是一个健全、有说服力的方案。

（4）心理学：交互设计是人与其他一切事物之间的行为设计，而人的行为中包含感知和认知这两种与心理学密切相关的要素，因此在设计项目时每一个功能设计、每一个操作流程以及 UI 的设计都要在基于了解用户心理学的基础上开展设计。

（5）交互设计原则、不同平台的规范：用户在页面上的任何操作，不论是单击、滚动还是按键，页面都应即时给出反馈。"即时"是指页面响应时间小于用户能忍受的等待时间。不管是移动应用还是 Web 端的设计，交互设计对用户体验来说都有决定性的作用。遵循各自的设计模式和平台规范是基本的设计原则。

（6）产品视觉感：做产品视觉效果需要精通各种风格的表现，形成并打造自己的品牌。以用户体验为目标，深入探究业务、行业、用户之间的相关关系，核心能力是交互、产品以及用户研究。

（7）沟通能力：良好的沟通能力是交互设计师的必备技能。这涉及用户研究，无论是与利益相关者、主题专家，还是客户以及用户访谈，都要拥有会提问题的技巧。例如，在进行用户访谈时，正确的提问题方式是不以调查者的目标信息作为问题中的关键词，否则不但有可能疏远访谈对象，还有可能错失丰富而有价值的用户数据。

2. 交互设计的步骤

交互设计的步骤包括用户调研、概念设计、创建用户模型、创建界面流程和开发原型并进行可用性测试，确保流程准确有效地得到执行，从而提高产品的可用性，提升产品质量。

（1）用户调研：用户调研的手法有很多，如问卷调查、用户访谈等。这类方法的好处是操作简单、反馈周期短、贴近用户。但是，用户调研也很容易产生比较大的偏差。对此，可以从调研者和调研对象两方面进行归纳和建议。

（2）概念设计：交互设计师要以人的需求为导向，理解用户期望、需求，理解商业、技术以及业内的机会与制约。基于以上理解，创造出形式、内容、行为易用，令用户满意且技术可行、具有商业利益的产品。

（3）创建用户模型：用户模型能很好地辅助产品开发的决策以及设计，主要反映在三个方面：一是用户模型能够反映真实的用户行为；二是用户模型能够便于团队之间的沟通及决策，形成对产品认知的"同理心"；三是用户模型能够提供产品功能。构建用户模型对于产品来说非常重要，很多企业都要求交互设计师具备这项能力。

（4）创建界面流程：直接面对客户，希望能多向客户询问他们在战略层的思考，有助于把握设计方向，确保整个产品的体验与客户需求相一致。

（5）开发原型并进行可用性测试：是以用户体验为中心的交互设计测试，通过用户测试来进行产品评估。

五、交互设计原则

交互设计有六个原则，即可用原则、预期原则、可控原则、精简原则、一致原则和优美原则。

（1）可用原则：确保产品本身是有用的、流程是完整的，能给人们提供帮助。

（2）预期原则：为用户考虑每一个过程所需要的信息和功能，如告知用户目前系统所处的状态、随时随地的反馈等。

（3）可控原则：让用户可以自由地确定或取消操作，避免强制性选项等，可在引导页面提供一个"跳过"的按钮操作。

（4）精简原则：尽量减少用户的操作步骤，提高效率，把系统复杂性隐藏起来，将易用性展示给用户，降低操作难度。

（5）一致原则：界面风格的一致性、布局的一致性、功能的一致性、同一功能操作的一致性，以及心里对产品的认知一致性。

（6）优美原则：布局要美观，操作和交互要流畅，提示不能让用户反感，界面大小适合美学观点，感觉协调舒适，主次分明（用户体验、产品概念、动效、交互逻辑、商业化），如图3-4所示。

图3-4

六、UI/UX创意设计流程

UI/UX 设计实际上是每一位创意人员在特定阶段解决特定问题从而最终完成整体设计的总流程。下面学习 UI/UX 创意设计的流程。

1．UI创意设计流程

（1）了解产品需求，如某款 App 需要具备哪些功能，最好能够进行及时采访，切实了解其真实需求。

（2）制订产品具体的说明，明确产品需求和项目的具体细节。

（3）召开设计组内部会议，确定界面风格。

（4）进行具体设计工作。

（5）制作标注图、效果图、切图。

（6）完成开发，进行最后的测试。

2．UX创意设计流程

（1）发现

发现是整个项目的开始阶段，设计师研究项目、寻找灵感并收集相关信息与建议。

（2）定义

第二个阶段是定义阶段，设计师对从发现阶段提取的想法进行定义，由此创建一个清晰的创意构架／简报。

（3）开发

开发阶段就是通过创建原型、测试、迭代等手段提出产品设计解决方案或最终概念被确定的阶段，通过整个尝试和试错的过程帮助设计师完善他们的设计想法。

（4）交付

最后阶段是交付阶段，项目在此阶段被最终确定、生产、启动。

七、动效设计软件

随着 UI 设计的不断发展，UI 动效越来越多地被应用于实际生活中。手机、iPad、计算机等设备都在应用，那么为什么 UI 动效越来越被广泛应用？它有哪些优势？有哪些软件可以设计 UI 动效？

（1）动效设计在 UI 设计中的应用：一个好的动效设计可以给用户提供一个良好的使用感受，从而很好地加强用户交互体验。

（2）动效设计在 UI 设计中的优势：动效设计可以展示产品的功能、界面、交互操作等细节，让用户更直观地了解一款产品的核心特征、用途、使用方法等细节；更有利于品牌建设；更有利于展示交互原型。因为很多时候交互形式和一些动效很难用语言来形容，设计不能仅靠语言来解释设计师的想法，静态的设计图也无法让观者一目了然，所以才会出现高保真原型（Demo），这就是动效设计，这样可以节约很多沟通成本，增加亲和力和趣味性。有时候添加一个动效，能快速拉进与观者的距离，如果再加些趣味性，用"爱不释手"这个词来形容也毫不夸张。

（3）目前行业里的 UI 动效软件：如 Adobe After Effects、Adobe Animate、CINEMA 4D、Adobe XD、Sketch、Axure RP 等。学好一种，够用就好，贵精不贵多。

第二节　Axure RP模拟仿真案例

丝路智旅仿真最终效果图如图 3-5 所示。

图3-5

本实例介绍

通过丝路智旅 App 真实案例演示，讲解如何使用 Axure RP 制作用户体验全过程。

重点难点

热点链接

版式布局

微信扫码观看操作视频

（1）启动 Axure RP 8（此处以丝路智旅 App 中"首页"为例），在"样式"栏中的"背景颜色"区域单击右侧的下拉按钮，在弹出的"颜色"对话框中设置背景颜色（红：50，绿：153，蓝：153），如图 3-6 所示。

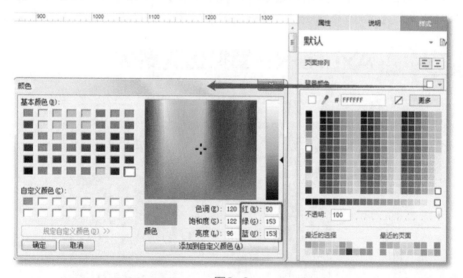

图3-6

（2）在"库"窗格中选择"图片"图标，按住鼠标左键不放并拖动图标至背景板上，如图 3-7 所示。

（3）双击背景板上的图片，在弹出的"打开"对话框中打开"素材文件 \ 第三章 \UI\ 手机 .png"图像文件，单击"打开"按钮，如图 3-8 所示。

图3-7

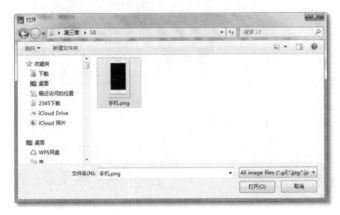

图3-8

（4）在"检视：图片"窗格的"样式"栏中调整手机模型的位置和尺寸，设置 X 为 150、Y 为 20、W 为 547、H 为 964，如图 3-9 所示。

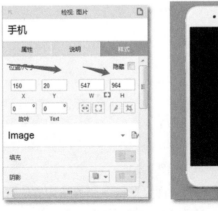

图3-9

（5）在"库"窗格中选择"图片"图标，按住鼠标左键不放并拖动至手机模型上，如图 3-10 所示。

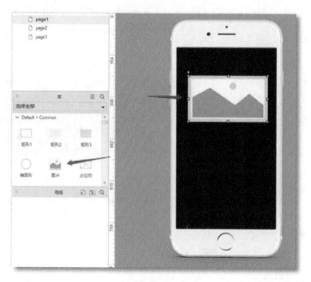

图3-10

（6）双击背景板上的图片，在弹出的"打开"对话框中打开"素材文件 \ 第三章 \UI\ 首页 .jpg"图像文件，单击"打开"按钮，如图 3-11 所示。

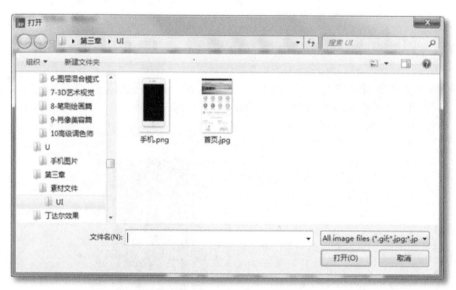

图3-11

（7）在"检视：图片"窗格的"样式"栏中调整图片的位置和尺寸，设置 X 为 230、Y 为 126、W 为 375、H 为 667，如图 3-12 所示。

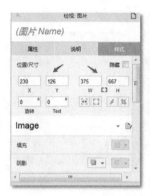

图3-12

（8）在"库"窗格中找到"热区"图标，如图3-13所示。

（9）选择"热区"图标，按住鼠标左键不放并将其拖曳到手机模型上，调整至需要放置按钮的位置，并调整大小，这里以首页中的"本地简介"为例，如图3-14所示。

图3-13

图3-14

（10）将"素材文件\第三章\UI\本地简介.jpg"图像文件按照（5）~（7）的操作方法依次拖入手机模型内，如图3-15所示。

图3-15

（11）选择"热区"图标，按住鼠标左键不放并再次拖动到本张图片的左上角返回处▩，如图3-16所示。

（12）按Ctrl+G组合键将"大纲：页面"窗格中的元素进行编组和重命名，如图3-17所示。

（13）在"大纲：页面"窗格中单击"首页"中的热区，并在上方的"检视:热区"窗格的"属性"栏中找到"鼠标单击时"选项，如图3-18所示。

图3-16

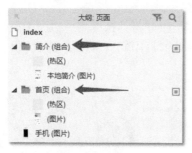

图3-17

图3-18

（14）单击"鼠标单击时"选项,在弹出的对话框中找到"元件"展开列表中的"显示"选项，如图3-19所示。

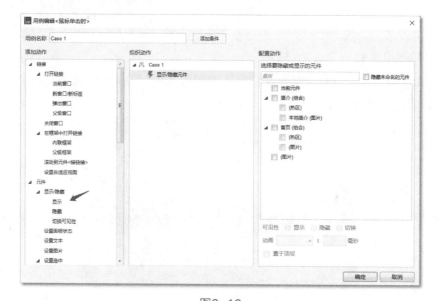

图3-19

（15）选中"配置动作"栏中的"简介"复选框，并将下方的"动画"选项设置为"向左滑动"，单击"确定"按钮，如图3-20所示。

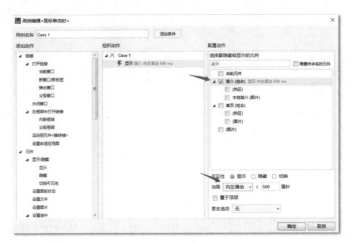

图3-20

（16）选择"简介"处的热区，并在上方的"检视：热区"窗格的"属性"栏中单击"鼠标单击时"选项，如图3-21所示。

（17）在弹出的对话框中选择"元件"展开列表中的"隐藏"选项，并将"动作"选项设置为"向右滑动"，如图3-22所示。

图3-21

图3-22

（18）继续选择"元件"展开列表中的"显示"选项，设置"首页"组合为"显示"，并单击"确定"按钮，如图3-23所示。

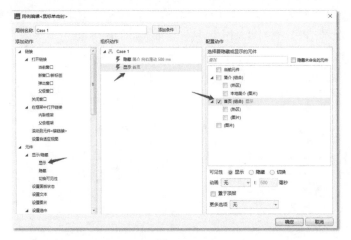

图3-23

（19）流程结束，检查"检视：热区"和"大纲：页面"窗格中的设置是否有误，如图3-24所示。

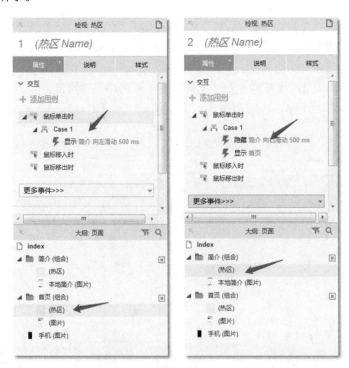

图3-24

（20）在"库"窗格中选择"动态面板"图标，按住鼠标左键不放并拖曳至背景板"首页"上方的轮播图中，在"检视：动态面板"窗格的"样式"栏中调整位置和尺寸，设置X为230、Y为147、W为375、H为173，如图3-25所示。

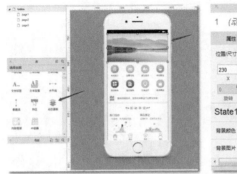

图3-25

（21）在"大纲：页面"窗格中选择"动态面板"的子页面 State1 ，通过右键快捷菜单命令复制得到两个子菜单，如图 **3-26** 所示。

图3-26

（22）双击 State1 ，进入子菜单页面，拖曳图片图标导入"素材文件 \ 第三章 \UI\b1.jpg"图像文件，如图 **3-27** 所示。

图3-27

（23）双击 State2 ，进入子菜单页面，拖曳图片图标导入"素材文件 \ 第三章 \UI\b2.jpg"图像文件，如图 **3-28** 所示。

图3-28

（24）双击 State3 ，进入子菜单页面，拖曳图片图标导入"素材文件 \ 第三章 \UI\b3.jpg"图像文件，如图 3-29 所示。

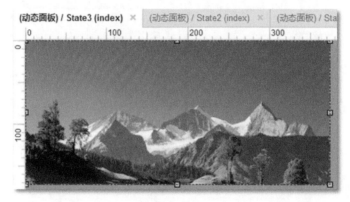

图3-29

（25）在"大纲：页面"窗格检查刚才导入的图片是否出错，如图 3-30 所示。

（26）双击 State1 ，在"属性"栏中单击"鼠标单击时"选项，如图 3-31 所示。

图3-30

图3-31

（27）在打开的对话框的左侧"添加动作"列表中选择"元件"下的"设置面板状态"选项，在"配置动作"列表中选中"Set（动态面板）"复选框，设置"选择状态"为"Next"，选中"向后循环"复选框，设置"循环间隔"为"1500毫秒"，进入和退出动画的选项设置均为"向左滑动""1000毫秒"，单击"确定"按钮，如图3-32所示。

图3-32

（28）在"属性"栏中单击"更多事件>>>"按钮，在扩充列表中选择"鼠标移入时"选项，如图3-33所示。

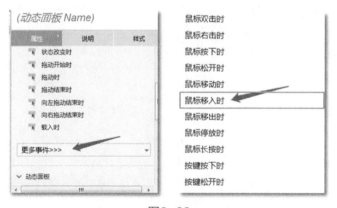

图3-33

（29）在打开的对话框的左侧"添加动作"列表中选择"元件"下的"设置面板状态"选项，在"配置动作"列表中选中"Set（动态面板）"复选框，设置"选择状态"为"停止循环"，并设置进入和退出动画选项均为"无"，单击"确定"按钮，如图3-34所示。

图3-34

（30）在"属性"栏中单击"更多事件>>>"按钮，在扩充列表中选择"鼠标移出时"选项，如图3-35所示。

（31）在打开的对话框的左侧"添加动作"列表中选择"元件"下的"设置面板状态"选项，在"配置动作"列表中选中"Set（动态面板）"复选框，设置"选择状态"为"Next"，选中"向后循环"复选框，设置"循环间隔"为"1500毫秒"，并将进入和退出动画选项均设置为"向左滑动""1000毫秒"，单击"确定"按钮，如图3-36所示。

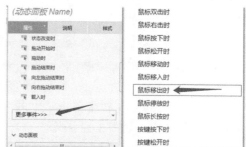

图3-35

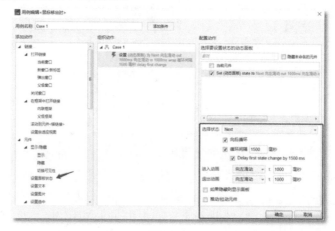

图3-36

（32）在"属性"栏中单击"向左拖动结束时"选项，如图 3-37 所示。

（33）在打开的对话框的左侧"添加动作"列表中选择"元件"下的"设置面板状态"选项，在"配置动作"列表中选中"Set（动态面板）"复选框，设置"选择状态"为"Next"，选中"向后循环"复选框，将进入和退出动画选项均设置为"向左滑动""1000 毫秒"，单击"确定"按钮，如图 3-38 所示。

图3-37

图3-38

（34）在"属性"栏中单击"向右拖动结束时"选项，如图 3-39 所示。

（35）在打开的对话框的左侧"添加动作"列表中选择"元件"下的"设置面板状态"选项，在"配置动作"列表中选中"Set（动态面板）"复选框，设置"选择状态"为"Next"，选中"向后循环"复选框，将进入和退出动画选项均设置为"向右滑动""1000 毫秒"，单击"确定"按钮，如图 3-40 所示。

图3-39

图3-40

（36）在"属性"面板中检查设置是否有误，如图3-41所示。

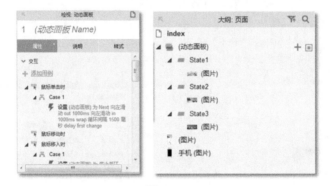

图3-41

（37）单击菜单栏中的"预览"按钮，得到最终效果，如图3-42所示。

图3-42

第三节　VR/AR人机交互技术

虚拟现实（Virtual Reality，VR）/增强现实（Augmented Reality，AR）技术的起源可追溯到摩登·海里戈（Morton Heilig）在20世纪50—60年代所发明的传感刺激器（Sensorama Stimulator）。他是一名哲学家、电影制作人和发明家。他利用电影的拍摄经验设计出一款称作传感刺激器（Sensorama Stimulator）的机器。传感刺激器可使用图像、声音、香味和震动，让用户体验在纽约布鲁克林街道上骑着摩托车风驰电掣的场景。这个发明在当时非常超前。以此为契机，AR也展开了它的发展史。

虚拟现实技术是仿真技术的一个重要方向，是仿真技术与计算机图形学、人机接口技术、多媒体技术、传感技术、网络技术等多种技术的集合，是一门富有挑战性的交叉技术前沿学科和研究领域。

一、虚拟现实

虚拟现实技术受到越来越多人的认可，首先，用户可以在虚拟现实世界体验到最真实的感受，其模拟环境的真实性与现实世界难辨真假，让人有种身临其境的感觉；其次，虚拟现实具有一切人类所拥有的感知功能，如听觉、视觉、触觉、味觉、嗅觉等感知系统；最后，它具有超强的仿真系统，真正实现了人机交互，使人在操作过程中可以随意操作并且得到环境真实的反馈。虚拟现实技术的存在性、多感知性、交互性等特征使其受到众人的喜爱。

二、增强现实

增强现实被称为扩增现实，是一种将真实世界信息和虚拟世界信息"无缝"集成的新技术，是把原本在现实世界的一定时间、空间范围内很难体验到的实体信息（视觉信息、声音、味道、触觉等），通过计算机等科学技术，模拟仿真后再叠加，将虚拟的信息应用到真实世界，被人类感官所感知，从而达到超越现实的感官体验。真实的环境和虚拟的物体实时地叠加到同一个画面或空间同时存在。

三、VR的发展前景

随着VR全景的发展，VR会先从消费市场爆发，然后走向应用领域。用户对VR内容的需求越来越高，在国内VR市场中，虽然产业链还比较原始，但是已经形成雏形，再经历3～5年的常规增长期，VR通过其技术特性在行业中发挥的作用将向多云趋势发展。不再局限于个别领域，VR将会广泛适用于各个领域，应用产业将不断扩大。在场景中植入的数字化完美逼真的营销场景，为旅游、酒店、汽车、展馆、教育、娱乐、房地产等行业打造身临其境的交互场景，吸引用户关注，实现流量增长，提升转化。

例如，当房地产经纪人仅通过口头讲述房子的故事时，那么买家往往无法想象他们梦想中的房子；如果利用VR增加一个视觉叙事的形式，房地产经纪人的故事可以产生更好的效果，买家就能够想象出在一个房子内创造一个新生活的场景。这个过程不需要房地产经纪人投入时间和精力来实际布置房子，也不需要为晚宴、家庭健身房或按摩浴缸等布置一大堆物品，只需要把这些物品的数字表象以某种战略性的方式固定在该房产的周围，然后把这些内容展示给买家就足够了，如图3-43所示。

图3-43

四、VR市场前景及行业特点

1. VR市场规模

国内VR市场增速加快，从软硬件角度来看，硬件市场率先发展。VR硬件是指与虚拟现实技术领域相关的硬件产品，是虚拟现实解决方案中用到的硬件设备。2019年硬件市场产值为52.8亿元，大约占到整个市场的65%，出货数量近千万台，预测2021年硬件头戴设备出货数量将破亿台，硬件产值空间巨大。现在的VR技术必须依托设备，也就意味着个人用户想体验VR就必须专门购买一套设备，如VR眼镜，如图3-44所示。

图3-44

2．VR行业收入

在 VR 行业收入构成方面，随着中国消费者的内容消费习惯逐渐养成，VR软件收入将逐渐提升，预计 2020 年中国虚拟现实行业软件收入占比将达到 30%、硬件收入占比达到 70%。

3．VR行业发展

以近眼显示、网络传输、感知交互、渲染处理、内容制作关键技术领域为着力点，将光学、电子学、计算机、通信、医学、心理学、认知科学以及人因工程等领域的相关技术引入虚拟现实技术体系，从而加强知识产权工作，优化中国专利申请主体结构与地域分布，加强专利合作授权和风险防控机制建设，积极探索虚拟现实与 5G、人工智能、物联网、智能制造、云计算等重大领域间融合创新发展路径。

4．VR技术应用

VR/AR 技术的潜在应用范围广泛，包括游戏、影视、教育、直播、社交以及购物等。其中，游戏与 VR/AR 有着天然的优势，游戏用户对场景画面有着更高的需求，对多维互动性的需求更加强烈，同时游戏用户有着很强的付现能力，这提高了 VR/AR 的软硬件厂商对游戏领域的重视程度。VR/AR 技术对于游戏市场的进一步扩大有着重要的帮助作用，同时 VR/AR 技术在游戏领域的应用和成功变现对于 VR/AR 技术的推广和技术革新也将起到重要作用。除了 VR 电影和 VR 游戏，VR 技术还可应用到很多领域，包括医学、娱乐、航天、室内设计、房产开发、工业仿真、维修、教育等。目前很多商家都看准了这一产业并争相投资，现在市场出现了很多以营利为目的的 VR 体验馆，客流量很可观。

五、VR交互方式

如同平面图形交互在不同的场景下有着不同的方式，VR 交互同样不会存在一种通用的交互手段。同时，VR 的多维特点注定了它的交互要比平面图形交互拥有更加丰富的形式。目前，VR 交互仍在探索和研究中，与各种高科技的结合将会使 VR 交互产生无限可能。下面介绍 VR 的 9 种交互方式及其现状。

1．动作捕捉

用户想要获得完全的沉浸感，真正"进入"虚拟世界，动作捕捉系统是必需的。目前，市面上专门针对 VR 的动作捕捉系统可参考的有诺亦腾公司推出的 Perception Neuron 系统。相比之下，感应器（Kinect）这类光学设备会被应用在某些对于精度要求不高的场景，如图 3-45 所示。全身动作捕捉在很多场合并不是必需的，它的问题在于没有用户反馈，用户很难感觉到自己的操作是否有效。这也是交互设计的一大痛点。

图3-45

2．触觉反馈

触觉反馈主要是按钮和震动反馈，大多通过虚拟现实手柄实现。目前三大 VR 头显（头戴式显示设备）企业 Oculus、索尼、HTC Valve 都不约而同地采用了虚拟现实手柄作为标准的交互模式：两手分立的、6 个自由度（3 个转动自由度和 3 个平移自由度）空间跟踪的、带按钮和震动反馈的手柄。这样的设备显然是用来进行一些高度特化的游戏类应用的（以及轻度的消费应用）。这也可以视作一种商业策略，因为 VR 头显的早期消费者基本都是游戏玩家。这样高度特化/简化的交互设备的优势是能够非常自如地在游戏等应用中使用，如图 3-46 所示，但无法适应更加广泛的应用场景。

图3-46

3. 眼球追踪

提起 VR 领域最重要的技术，眼球追踪技术值得被从业者密切关注。Oculus 创始人帕尔默·拉奇曾称眼球追踪技术是"VR 的心脏"，因为它对于人眼位置的检测能够为当前所处视角提供最佳的 3D 效果，使 VR 头显呈现出的图像更自然、延迟更低，能大大增加可玩性，如图 3-47 所示。同时，由于眼球追踪技术可以获知人眼的真实注视点，从而得到虚拟物体上视点位置的景深，因此眼球追踪技术被大部分 VR 从业者认为是解决虚拟现实头盔眩晕问题的一个重要技术突破。尽管众多公司都在研究眼球追踪技术，但是仍然没有可靠的解决方案令人满意。超多维（SuperD）公司图形图像算法中心主管培云认为，VR 的眼球追踪可利用类似眼动仪（tobii）的设备实现，但前提是能够解决设备的体积和功耗问题。事实上，在业内人士看来，眼球追踪技术虽然在 VR 上有一些限制，但是可行性还是比较高的，如外接电源、将 VR 的结构设计做得更大等。更大的挑战在于通过调整图像来适应眼球的移动，这些图像调整的算法目前来说都是空白的。图像有两个指标，一是图像自然真实，二是图像延迟低。如果达到这两个指标，VR 的可玩性会再提高一个档次。

图3-47

4．肌电模拟

关于肌电模拟，可通过一个 VR 拳击设备拜亚动力的帕克图（Impacto）来说明，Impacto 结合了触觉反馈和肌肉电刺激精确模拟实际感觉。具体来说，Impacto 设备分为两部分：一部分是震动马达，能产生震动感，在一般的游戏手柄中都可以体验到；另一部分是肌肉电刺激系统，也是最有意义的部分，通过电流刺激肌肉收缩运动，如图 3-48 所示。两者的结合能够给人们带来一种错觉，误以为自己击中了游戏中的对手，因为这个设备会在恰当的时候产生类似真正拳击的"冲击感"。

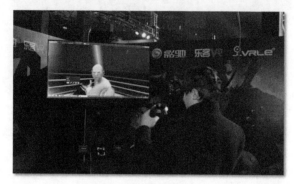

图3-48

5．手势跟踪

使用手势跟踪作为交互可以分为两种方式：第一种是使用光学跟踪，如体感控制器（Leap Motion）和深度传感器（Nimble VR）；第二种是将传感器戴在手上的数据手套，如图 3-49 所示。

图3-49

（1）光学跟踪的优势在于使用门槛低、场景灵活，用户不需要在手上穿脱设备，未来在一体化移动 VR 头显上直接集成光学手部跟踪用作移动场景的交互方式是可行的。其缺点是视场受局限，以及之前所提到的两个基本问题：需要用户付出脑力和体力才能实现的交互是不会成功的；使用手势跟踪会比较累而且不直观，没有用户反馈。这需要良好的交互设计才能弥补。

（2）数据手套上集成了惯性传感器来跟踪用户的手指，乃至整个手臂的运动。它的优点是没有视场限制，而且完全可以在设备上集成反馈机制（如震动、按钮和触摸）。其缺点是使用门槛较高，用户需要穿脱设备，而且作为一个外设，其使用场景还要受限，如在很多移动场景中可能无法使用鼠标。不过这些问题都没有技术上的绝对门槛，完全可以想象类似于指环这样的高度集成和简化的数据手套在未来的 VR 产业中出现，用户可以随身携带、随时随地使用。

6．方向追踪

方向追踪除了可以用来瞄点外，还可以用来控制用户在 VR 中的前进方向。如果用方向追踪调整方向，很可能会发生转不过去的情况。这是因为用户不是总坐在能够 360° 旋转的转椅上，很多情况下会受空间限制，如图 3-50 所示。例如，头转了 90°，接着转身体，加起来也很难转过 180°。所以，这里"空间受限无法转身是一个需求"。于是交互设计师给出了解决方案——按住鼠标右键让方向回到原始的正视方向（最初面向的方向），或者通过遥杆调整方向，或者按下按钮回到初始位置。

图3-50

7．语音交互

在 VR 中，海量的信息淹没了用户，他们不会理会视觉中心的指示文字，而是环顾四周不断地发现和探索。如果这时给出一些图形上的指示就会干扰到他们在 VR 中的沉浸式体验，最好的方法就是使用语音，和他们正在观察的周遭世界互不干扰。这时如果用户和 VR 世界进行语音交互，就会更加自然，而且是无处不在、无时不有的，用户不需要移动头部和寻找它们，在任何方位、任何角落都能交流。

8．传感器

传感器能够帮助人们与多维的 VR 信息环境进行自然地交互。人们进入虚拟世界不仅仅是坐在那里，他们也希望能够在虚拟世界中到处走走看看，此时就需要用到传感器，如万向跑步机。目前，Virtuix、Cyberith 和国内的 KAT 都在研发这种产品，然而体验过的用户反映这样的跑步机实际上并不能够提供接近于真实移动的感觉，体验并不好。还有的是使用脚上的惯性传感器原地走来代替前进，如 StompzVR。还有全身 VR 套装体感服（Teslasuit），穿戴上这套装备，可以切身感觉到虚拟现实环境的变化，如感受到微风的吹拂，甚至在射击游戏中还能感受到中弹的感觉。这些都是由设备上的各种传感器产生的，如智能感应环、温度传感器、光敏传感器、压力传感器、视觉传感器等，能够通过脉冲电流让皮肤产生相应的感觉，或把游戏中触觉、嗅觉等各种感知传送到大脑。但是，目前已有的应用传感器的设备体验度都不高，在技术上还需要做出很多突破。

9. 现实对应空间地形

现实对应空间地形就是造出一个与虚拟世界的墙壁、阻挡和边界等完全一致的可自由移动的真实场地。例如，超重度交互的虚拟现实主题公园就采用了这种途径，它是一个混合现实型的体验，把虚拟世界构建在物理世界之上，让使用者能够感知周围的物体并使用真实的道具，如手提灯、VR 时空穿梭 360° 旋转飞行器等，如图 3-51 所示。中国媒体称之为"地表最强娱乐设施"。这种真实场地通过仔细地规划关卡和场景设计，能够给用户带来种种外设所不能带来的良好体验。其缺点是规模及投入较大，且只能适用于特定的虚拟场景，在场景应用的广泛性上受限。虚拟现实是一场交互方式的新革命，人们正在实现由界面到空间的交互方式变迁。未来多通道的交互将是 VR 时代的主流交互形态，目前 VR 交互的输入方式尚未统一，市面上的各种交互设备仍存在各自的不足。

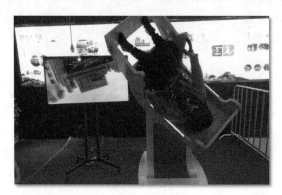

图3-51

六、VR项目设计流程

VR 项目设计流程为：市场调研—产品定义—策划方案—市场推广方案—项目解决方案—确定使用的引擎—确定编程语言—确定美术素材规格—关卡设计—游戏玩法—数值设计—建模动画—场景搭建—开发测试—上线运营。

七、VR/AR应用程序开发

VR/AR技术正在加速推进和现代化，我们要考虑能够在不亲自体验的情况下看到、感受和体验世界遥远的地方的可能性。整个概念最初看起来像某种不自然的现象或不真实的超级大国，但事实证明，随着增强现实和虚拟现实应用的出现，这些现实比我们想象得要快，如图3-52所示。

图3-52

从设计者的角度来看，VR应用程序由两种类型的组件组成：环境和交互元素。环境可视为用户戴上VR头盔时所进入的整个世界，交互元素是指界面上影响用户交互和操控体验的元素合集。

根据这两个组件的复杂性，所有VR应用程序都可以沿两个轴定位，即环境（environment）和界面（interfaces），如图3-53所示。

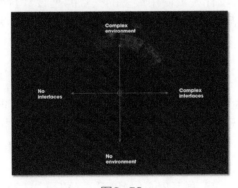

图3-53

在左上角的象限中，VR应用有类似模拟器的东西，例如过山车的VR应用，这种应用具有完全成形的环境，但根本没有交互。

在右下角的象限中，应用程序具有一个更好的界面，但比较少或没有3D环境。三星的Gear VR主屏就是一个很好的例子，如图3-54所示。

设计场所和景观等虚拟环境需要熟练使用3D建模工具，许多设计师平时无法接触到这些元素，但是UX和UI设计人员有很大的机会将他们已有的技能应用于设计虚拟现实的用户界面中。

图3-54

八、设计工具

主流设计开发工具包括引擎、3D 建模、2D 绘制、音效及动效制作等多个方面，并按照"起步""进阶""高级"的次序进行设计。在 VR 设计开始之前，我们需要了解以下工具。

1．Axure RP

Axure RP 是目前设计人员使用最多的交互原型设计软件，可以辅助产品经理快速设计完整的产品原型，并结合批注、说明及流程图、框架图等元素将产品完整地表述给各方面设计人员，如 UI/UX 设计师等。

2．GoPro VR Player

GoPro VR Player 是 GoPro 推出的一个 VR 全景图片 / 视频播放器软件，是一款免费的 360° 全景视频播放器，可以让用户在计算机和 Oculus Rift 或 HTC Vive 上播放 360° 全景视频 / 照片，并与之互动，此外还支持 Leap Motion 和 RealSense 设备。

支持的视频文件格式有 H.264（MPEG-4 AVC）、H.265（MPEG-4 HEVC）、CineForm、VP8、VP9、Theora、WMV、H.262 等。根据不同的视频后台和视频容器，支持的图像文件格式包括 TIFF、BMP、JPEG、GIF、PNG、PBM、PGM、PPM、XBM、XPM 和 SVG。

（1）在百度搜索官方网站下载 GoPro VR Player 播放器并安装，启动窗口如图 3-55 所示。

（2）单击"SELECT FILES"按钮，打开"素材文件 \ 第三章 \ 全景图 \CZ.jpg"图像文件，如图 3-56 所示。

图3-55

图3-56

（3）将鼠标移动至窗口底部，将显示播放器控制栏：▮▮播放和暂停视频或播放列表，↻禁用循环视频 / 激活循环视频（按顺序重复播放所有视频或图像），激活单个视频循环（仅重复播放选定的视频或图像），◀× 开启声音和静音。

3．Oculus Rift

Oculus Rift 是一款专业的兼容性检测工具，采用先进的兼容性检测技术，可以检测出 Oculus Rift VR 设备是否兼容此计算机，并给出计算机的显卡、内存、操作系统、处理器等参数。用户可以提前了解 Oculus Rift VR 的兼容性，在官方下载并启动，如图 3-57 所示。

图3-57

九、VR设计中需要注意的因素

近年来，我们目睹了虚拟现实硬件和软件的爆炸式增长。从体验性上看，虚拟现实既有小而简单的，也有专业而复杂的，整体体验差异很大。对于许多设计师来说，在 VR 设计中需要注意以下因素。

1. 低分辨率

VR 头盔的分辨率相当于手机的分辨率，但是考虑到设备距离眼睛只有 5 厘米，显示器看起来并不清晰。为了获得清晰的 VR 体验，需要一个 31.5 英寸的显示屏，这是一个 15 360 像素 ×7 680 像素的显示屏。相信这种设备终将普及。

2. 文本可读性

显示器的分辨率较低，会导致所有精美的 UI 元素看起来都很像素化。这就意味着文字难以阅读、直线部分会出现锯齿，所以应尽量避免使用大段文字和特别复杂的 UI 元素。

本章小结 ↓

有关 UI/UX 设计的学习，主要涉及交互设计师所要具备的重要逻辑思维，以及输出信息架构图、线框原型、高保真原型、可交互原型时的制作，UI/UX 设计原则和创意设计流程，从而具备独立进行交互设计的能力。本章还要重点掌握 VR/AR（虚拟现实 / 增强现实）人机交互技术基础，VR 的发展前景、VR 行业特点和 VR 设计流程。

思考与练习 ↓

1. 填空题

（1）人机交互包括_____、_____、_____、_____、_____5 个方面。

（2）交互设计的步骤包括用户调研 _____、_____、_____、_____。

（3）UI/UX 创意设计的流程是_____、_____、_____和_____。

2. 简答题

（1）UI 和 UX 的区别是什么？

（2）Axure RP 原型设计主要包括什么？

（3）AR 和 VR 有哪些交互方式？

第四章

新媒体音频制作

学习目标

◀ 理解数字音频技术的概念及主要特征。

◀ 掌握如何录制声音并对声音降噪。

◀ 了解常用的人声音频。

◀ 识别声音调节频率范围。

随着数字技术的迅猛发展，新媒体技术环境也在不断地更新。数字音频因其传播方便、制作技术手段多样、精度高、可控度高等优点，成为新媒体信息构成的重要组成部分。通过学习本章内容，读者可以了解和运用数字音频技术，更好地推动新媒体音频的发展。

第一节 数字音频基本概念

数字音频是一种利用数字化手段对声音进行录制、存放、编辑、压缩或播放的技术，是随着数字信号处理技术、计算机技术、多媒体技术的发展而形成的一种全新的声音处理手段。数字音频主要应用于音乐后期制作和录音。

计算机数据是以 0、1 的形式存储的。数字音频首先将音频文件转化，接着将这些电平信号转化成二进制数据保存，播放的时候再把这些数据转换为模拟的电平信号送到扬声器播出，如图 4-1 所示。

图4-1

随着计算机及网络技术的飞速发展，音频信号处理和逻辑控制的功能越来越强大，处理模块新算法越来越先进，音频处理越来越精准，逻辑控制越来越智能，数字音频的处理会始终向这一方向发展。

一、音频基础知识

仅熟悉数字音频还不够，还需了解几个关于数字音频的基础知识。

1．采样率

简单地说，采样率就是通过波形采样的方法记录 1 秒长度的声音需要多少个数据。44kHz 采样率的声音就是要花费 44 000 个数据来描述 1 秒的声音波形。原则上采样率越高，声音的质量越好。

2．压缩率

压缩率通常指音乐文件压缩前和压缩后文件大小的比值，用来简单描述数字声音的压缩效率。

3．比特率

比特率是另一种数字音乐压缩效率的参考性指标，表示记录音频数据每秒所需要的平均比特值（比特是计算机中最小的数据单位，指一个 0 或 1 的数），通常使用 Kbit/s（每秒 1024 比特）作为单位。CD 中的数字音乐比特率为 1411.2Kbit/s（记录 1 秒长度的 CD 音乐，需要 1411.2×1024 比特的数据），近乎 CD 音质的 MP3 数字音乐需要的比特率是 112 ～ 128Kbit/s。

4．量化级

简单地说，量化级就是描述声音波形的数据是多少位的二进制数据，其单位是 bit，如 16bit、24bit。16bit 量化级记录声音的数据是用 16 位的二进制数，因此量化级也是数字声音质量的重要指标。形容数字声音的质量通常被描述为 24bit（量化级）、48kHz 采样，如标准 CD 音乐的质量就是 16bit、44.1kHz 采样。

二、音频格式

要在计算机内播放或处理音频文件，就要对声音文件进行数、模转换，这个过程同样由采样和量化构成。人耳所能听到的声音从 20Hz 起一直到 20kHz（人耳是听不到 20kHz 以上的声音的），因此音频的最大带宽是 20kHz，采样率为 40kHz ～ 50kHz，而且对每个样本需要更多的量化比特数。音频数字化的标准是每个样本 16 位（16bit，动态范围是 96dB）的信噪比，采用线性脉冲编码调制 PCM，每一量化步长都具有相等的长度。在音频文件的制作中，正是采用这一标准的。

1．CD格式

当今世界上音质最好的音频格式是什么？当然是 CD 了。因此，要讲音频格式，CD 自然是打头阵的"先锋"。在大多数播放软件的"所有支持的媒体格式"中，都可以看到"*.cda"格式，这就是 CD 音轨了。标准 CD 格式也就是 44.1kHz 的采样频率，速率为 88Kbit/s，16 位量化位数，因为 CD 音轨可以说是近乎无损的，所以它的声音基本上是忠于原声的。如果你是一个音响"发烧友"，那么 CD 是首选，它会让你感受到天籁之音。CD 光盘可以在 CD 唱机中播放，也能用计算机里的各种播放软件来重放。一个 CD 音频文件是一个"*.cda"文件，这只是一个索引信息，并不是真正的包含声音信息，所以不论 CD 音乐的长短，在计算机里看到的"*.cda"文件都是 44 字节长。注意：不能直接将 CD 格式的"*.cda"文件复制到硬盘上播放，需要使用像 EAC 这样的抓音轨软件把 CD 格式的文件转换成 WAV 格式。如果光盘驱动器质量过关且 EAC 的参数设置得当，那么可以说这个转换过程基本上是无损抓音频。推荐使用这种方法。

2．WAV格式

WAV 格式是微软公司开发的一种声音文件格式，用于保存 Windows 平台的音频信息资源，被 Windows 平台及其应用程序所支持。WAV 格式支持多种音频位数、采样频率和声道，标准格式的 WAV 文件和 CD 格式一样，也是 44.1kHz 的采样频率，速率为 88Kbit/s，16 位量化位数。WAV 格式的声音文件质量和 CD 相差无几，也是 PC 端设备上广为流行的声音文件格式，几乎所有的音频编辑软件都"认识"WAV 格式。

由苹果公司开发的 AIFF（Audio Interchange File Format）格式和为 UNIX 系统开发的 AU 格式与 WAV 格式非常像。大多数的音频编辑软件都支持这几种常见的音乐格式。

3．MP3格式

MP3 格式诞生于 20 世纪 80 年代的德国，是指 MPEG 标准中的音频部分，也就是 MPEG 音频层。MP3 利用人耳对高频信号不敏感的特性，将时域波信号转换成频域信号，并划分成多个频段，对不同的频段使用不同的压缩率，对高频加大压缩比，对低频信号使用小压缩比，保证信号不失真。MP3 格式压缩音乐的采样频率有很多种，可以用 64Kbit/s 或更低的采样频率节省空间，也可以用 320Kbit/s 的标准达到极高的音质。采用默认的 CBR（固定采样频率）技术会以固定的频率采样一首歌曲，而 VBR（可变采样频率）则可以在音乐"忙"的时候加大采样的频率获取更高音质，不过产生的 MP3 文件可能在某些播放器上无法播放。

4．MIDI格式

音乐人应该常听到 MIDI（Musical Instrument Digital Interface）这个词。MIDI 允许数字合成器和其他设备交换数据。MID 文件格式由 MIDI 继承而来。MID 文件并不是一段录制好的声音，而是记录声音的信息，然后告诉声卡如何再现音乐的一组指令。这样一个 MIDI 文件每保存 1 分钟的音乐只占用 5 ～ 10KB 的空间。MID 文件主要用于原始乐器作品、流行歌曲的业余表演、游戏音轨以及电子贺卡等。MID 文件重放的效果完全依赖声卡的档次。MID 格式的最大用处是在计算机作曲领域，既可以用作曲软件写出，也可以通过声卡的 MIDI 接口把外接音序器演奏的乐曲输入计算机里，制成 MID 文件。

5．WMA格式

WMA（Windows Media Audio）格式是来自于微软的重量级选手，高保真声音通频带宽，音质更好，后台强硬，音质要强于 MP3 格式，更远胜于 RA 格式。它和日本 YAMAHA 公司开发的 VQF 格式一样，以减少数据流量但保持音质的方法来达到比 MP3 压缩率更高的目的。WMA 的压缩率一般可以达到 1∶18。WMA 还有一个优点，即内容提供商可以通过 DRM（Digital Rights Management）方案（如 Windows Media Rights Manager 7）加入防复制保护。这种内置版权保护技术可以限制播放时间、播放次数甚至播放的机器等。

第二节　Adobe Audition音频

Adobe Audition 的前身是非常出名的 Cool Edit Pro。Cool Edit Pro 做得非常出色，后来被 Adobe 公司重视并被收购编入 Adobe 公司的生态软件系统中。

Adobe Audition 从音频软件到音频工作站再到音乐工作站，可谓是音频的录制、编辑、混编、剪辑等方面都能轻而易举地完成。

一、Adobe Audition启动界面

Adobe Audition 启动界面如图 4-2 所示。

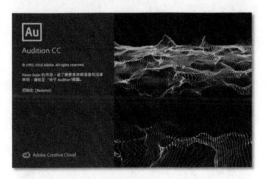

图4-2

二、Adobe Audition主界面

Adobe Audition 的主界面如图 4-3 所示。

图4-3

三、Adobe Audition声音录制案例

Adobe Audition 是一款专业的音频编辑软件。在这款软件中，我们可以使用专业的音频编辑功能对音频文件进行编辑。很多用户在制作视频文件的时候喜欢添加背景音乐，有的是下载或自己剪辑的，有的是自己录制的。下面将讲解如何录音和降噪。

（1）执行"文件 / 多音轨"命令，弹出"新建多轨会话"对话框，设置采样率为"48 000Hz"、位深度为"32（浮点）"、主控为"立体声"，单击"确定"按钮，如图 4-4 所示。

图4-4

（2）单击轨道 1 的"R"按钮，让"R"按钮高亮显示，如图 4-5 所示。

图4-5

（3）此时即可开始录音。在录音的同时可以从工作区看到声音的波形，如图 4-6 所示。

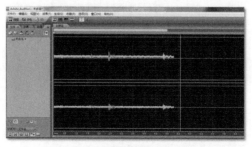

图4-6

（4）录音完毕后，可单击左下方"传声器"里的播放按钮，或按空格键进行监听，检查有无差错、是否需要重新录音，如图4-7所示。

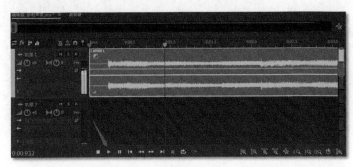

图4-7

（5）双击录音声轨，进入单轨波形编辑界面，如图4-8所示。

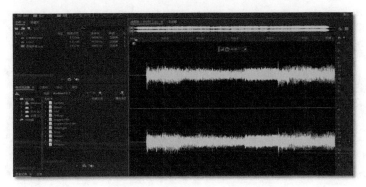

图4-8

（6）要删掉音频文件中不需要的部分，可选择不需要的部分，按 Delete 键删除，如图4-9所示。

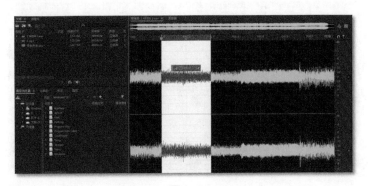

图4-9

（7）对音频进行降噪。由于硬件设备和环境的制约，录制完成的音频总会有噪声，因此需要对音频进行降噪，使声音听起来干净、清晰，如图4-10所示。

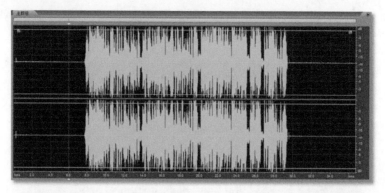

图4-10

（8）选择音频环境噪声中不平缓的部分（也就是有爆点的地方），按 Delete
键删除，如图 4-11 所示。

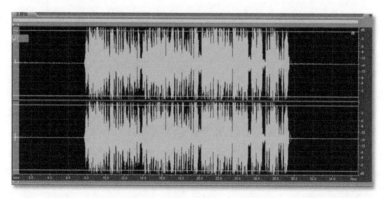

图4-11

（9）选择一段较为平缓的噪声片段，如图 4-12 所示。

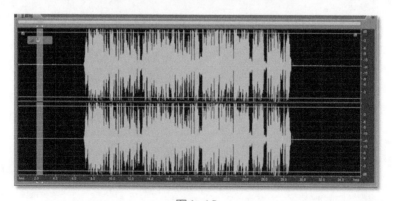

图4-12

（10）执行"效果 / 降噪 / 恢复 / 降噪处理"命令，打开"效果 - 降噪"对话框，
然后单击"捕捉噪声样本"按钮，如图 4-13 所示。

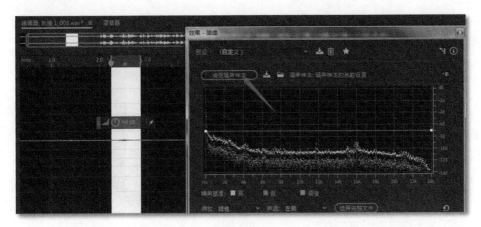

图4-13

（11）生成相应的图形并捕获完成后，单击"保存"按钮，将噪声的样本保存，如图 4-14 和图 4-15 所示。

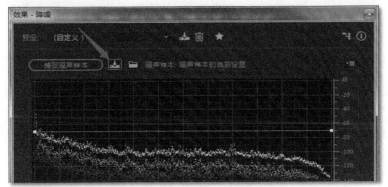

图4-14

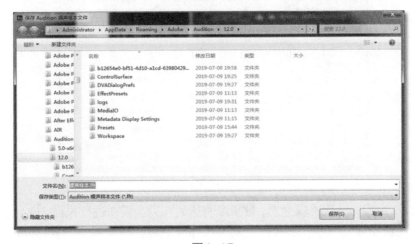

图4-15

（12）关闭"效果 - 降噪"对话框，在波形工作区按 **Ctrl+A** 组合键全选波形，如图 4-16 所示。

图4-16

（13）执行"效果 / 降噪 / 恢复 / 降噪处理"命令，在弹出的对话框中单击"打开"按钮，将刚才保存的噪声样本加载进来，如图 **4-17** 和图 **4-18** 所示。

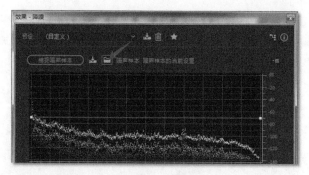

图4-17

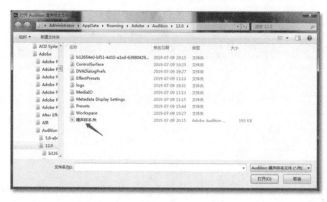

图4-18

（14）完成第一次降噪之后，效果没有达到预期。重新进行采样，进行多次降噪，每次级别提高一些。一般经过两三次降噪之后，噪声基本上就可以消除了，如图 4-19 所示。

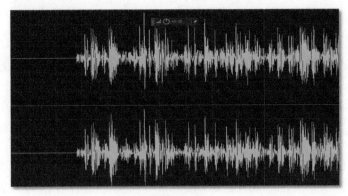

图4-19

（15）录制声音降噪后，如果满意，就执行"文件 / 另存为"命令，打开"另存为"对话框，设置文件名、位置和格式，单击"确定"按钮完成音频文件的制作，如图 4-20 所示。

图4-20

第三节　声音信号均衡处理

目前对于人声主要的处理在于均衡器（Equaliser 或 Equalisation，EQ）调整，通过调整或控制频率来达成频率的放大或衰减。

一、人声常用的音频处理

通常情况下，技术水平较高的录音师会选择合适的话筒并摆放在正确的位置来获得优美的人声，人声的音量、音色、音调方面与配音都非常均匀地交融在一起，优美动听。2kHz ~ 3kHz 频率是影响声音明亮度最敏感的频段，如果这段频率成分丰富，那么音色的明亮度会增强；如果这段频率幅度不足，那么音色将会变得朦朦胧胧；如果这段频率成分过强，音色就会显得呆板、生硬、不自然。

1．EQ均衡

因为话筒的拾音频响曲线差异以及歌手嗓音特征差异，一般根据录出的人声实际效果进行适当处理。例如，有的听起来太锐利，有的听起来很沉闷，有的鼻音很重，有的唇齿音很重，这些都是由于声音各频段的强弱不均衡造成的听觉差异。我们可以通过EQ均衡对各频段的声音信号进行均衡（增减）处理，从而起到改善作用。

2．激励器

激励器也叫谐波发生器，能将声音在某些频段增加一些随机的谐波。合适的激励会给声音带来美化的成分。激励器和EQ均衡的区别是：EQ只调整某些频段的信号强弱，激励器是在某些频段增加新的声波成分。不合适的激励会对声音产生破坏作用，所以很多人常常不做激励处理。

3．压限器

压限器（Compressor/Limiter）是压缩器与限制器的简称。压缩器是一种随着输入信号电平增大而本身增益减少的放大器。限制器是一种输出电平到达一定值以后，不管输入电平怎样增加，其最大输出电平保持恒定的放大器，该最大输出电平是可以根据需要调节的。一般来讲，压缩器与限制器多是结合在一起出现的，有压缩功能的地方同时也就会有限制功能。

4．混响器

混响器可以美化声音，对较"干"的信号进行再加工，让声音听起来有空间感，圆润通透，提高音响系统的丰满度。混响器还可以人为地制造一些特殊效果，如山谷、山洞的回声效果等。通过调节混响声和直达声的比例，可以体现声音的远近感和深度感。

二、EQ人声处理

人声音源的频谱分布比较特殊，就其发音方式而言，有3个部分：一是由声带振动所产生的乐音，此部分的发音量较为灵活，不同音高、不同发音方式所产生的频谱变化比较大；二是鼻腔共鸣所产生的低频谐音，由于鼻腔的形状相对比较稳定，因而共鸣所产生的谐音频谱分布变化不大；三是口腔气流在齿缝间的摩擦声，这种齿音与声带振动所产生的乐音基本无关。

1．1kHz～2kHz频率

这段频率的通透感明显，顺畅感强。如果这段频率不足，音色则松散且音色脱节；如果这段频率过强，音色则会产生跳跃感。

2．800Hz频率

这个频率幅度影响音色的力度。如果这个频率丰满，音色就会显得强劲有力；如果这个频率不足，音色将会显得松弛，也就是800Hz以下的成分特性表现突出了，低频成分就明显；如果这个频率过高，就会产生喉音感。人人都有一个喉腔，都有一定的喉音，如果音色中的喉音成分过多，则会失掉语音的个性和音色美感。因此，音响师把这个频率称为"危险频率"，要谨慎使用。

3．500Hz～1kHz频率

这段频率是人声的基音频率区域，是一个重要的频率范围。如果这段频率丰满，人声的轮廓明朗，整体感好；如果这段频率幅度不足，语音就会产生一种收缩感；如果这段频率过强，语音就会产生一种提前进入人耳的听觉感受。

4．300Hz～500Hz频率

这段频率是语音的主要音区频率。如果这段频率的幅度丰满，语音有力度；如果这段频率幅度不足，声音会显得空洞、不坚实；如果这段频率幅度过强，音色会变得单调。

5．150Hz～300Hz频率

这段频率影响声音的力度，尤其是男声的力度。这段频率是男声的低频基音频率，如果这段频率成分缺乏，音色会显得发软、发飘，语音则会变得软绵绵；如果这段频率成分过强，声音会变得生硬而不自然，且没有特色。

6．100Hz～150Hz频率

这段频率影响音色的丰满度。如果这段频率成分增强，就会产生一种房间共鸣的空间感、浑厚感；如果这段频率成分不足，音色会变得单薄、苍白；如果这段频率成分过强，音色将会显得浑浊，语音的清晰度变差。

7．60Hz～100Hz频率

这段频率影响声音的浑厚感，是低音的基音区。如果这段频率很丰满，音色会显得厚实、浑厚感强；如果这段频率不足，音色会变得无力；如果这段频率过强，音色会出现低频共振声，产生轰鸣声的感觉。在人声处理上，该频段在低切范围内。

8．20Hz～60Hz频率

这段频率影响音色的空间感，这是因为乐音的基音大多在这段频率以上。这段频率是房间或厅堂的谐振频率。如果这段频率表现充分，就会给人一种置身于大厅之中的感觉；如果这段频率不定，音色会变得空虚；如果这段频率过强，会产生一种"嗡嗡"的低频共振的声音，严重影响语音的清晰度和可懂度。

三、声音调节技巧

一般数字调音台均衡器上的均衡增益调节钮用 G 来标识，均衡频率调节钮用 F 来标识，均衡带宽调节钮用 F 或 Q 来标识。

1．听音评价

鉴于很多音响用户对听音的评价不是很规范，这里给出评价术语及其含义，在听音和修改过程中要注意聆听和理解。

（1）声音发破（劈）：谐波及互调畸变严重有"噗"声，以切削平顶，畸变大于 10%。

（2）声音发硬：有谐波及互调畸变，被仪器明显看出，畸变为 3%～5%。

（3）声音发炸：高频或中高频过多，存在谐波及互调失真。

（4）声音发沙：中高频畸变，有瞬态互调畸变。

（5）声音发燥：有畸变，中高频过多，有瞬态互调畸变。

（6）声音发闷：高频或中高频过少或指向性太尖，而偏离轴线。

（7）声音发浑：瞬态失真，扬声器谐振峰突出，低频或中低频过多。

（8）声音宽厚：频带宽，中频低，低频高，混响适度。

（9）声音有层次：瞬态稳定，频率特性平坦，混响适度。

（10）声音扎实：中低频稳定；混响适度；响应足够。

（11）声音发散：中频欠缺；中频瞬态高或混响过度。

（12）声音狭窄：频率特性狭窄（只有 150Hz～4kHz）。

（13）金属声（铝皮声）：中高频个别点突出高，畸变严重。

（14）声音圆润：频率特性及畸变指标均稳定，混响适度，瞬态稳定。

（15）有水分：中高频及高频稳定，混响适度。

（16）声音明亮：中高频及高频足够，响应平坦，混响适度。

（17）声音尖刺：高频及中高频过多。

（18）高音虚（飘）：缺乏中频，中高频及高频指向性太尖锐。

（19）声音发干：缺乏混响，缺乏中高频。

（20）声音发暗：缺乏高频及中高频。

（21）声音发直（木）：有畸变，中低频有突出点，混响少，瞬态低。

（22）平衡式谐和：频率特性稳定，畸变小。

（23）轰鸣：扬声器谐振峰严重突出，畸变及瞬态均偏高。

（24）清晰度高：中高频及高频稳定，畸变小，瞬态稳定，混响适度。

（25）透明感：高频及中高频适度，畸变小，瞬态稳定。

（26）有立体感（指单声道）：频响平坦，混响适度，畸变小，瞬态稳定。

（27）现场感或临场感：频响稳定，特别是中高频稳定，畸变小，瞬态高。

2．各音源的频率范围表

音乐频率范围为 20Hz ~ 20kHz，人的声音频率范围为 300Hz ~ 3.4kHz，但人耳能听到的最高频率是 20kHz。

（1）歌声（男）：150Hz ~ 600Hz 影响歌声力度，提高此段频率可以使歌声共鸣感强，增强力度。

（2）歌声（女）：1.6kHz ~ 3.6kHz 影响音色的明亮度，提高此段频率可以使音色鲜明通透。

（3）语音：800Hz 是"危险"频率，过于提高会使音色发硬、发楞。

（4）沙哑声：提高 64Hz ~ 261Hz 会使音色得到改善。

（5）喉音重：衰减 600Hz ~ 800Hz 会使音色得到改善。

（6）鼻音重：衰减 60Hz ~ 260Hz、提高 1kHz ~ 2.4kHz 可以改善音色。

（7）齿音重：6kHz 过高会产生严重齿音。

（8）咳音重：4kHz 过高会产生咳音严重现象（电台频率偏离时的音色）。

本章小结 ↓

本章主要介绍数字音频处理的基本概念，音频处理软件 Adobe Audition 的常用功能和录制音乐、降噪处理的操作，以及如何对声音信号进行均衡处理。

思考与练习 ↓

1．填空题

（1）常见的音频格式有 _____。

（2）声音波形的数据是_____位的二进制数据，通常用_____做单位。

2．简答题

（1）简述声音数字化的种类和方法。

（2）录制人声如何降噪？

3．操作题

利用 Adobe Audition 软件录制一段声音作品（唱歌、配乐、诗歌、朗诵等）。要求：至少有两个音轨的声音，其中一个是伴奏，另一个是自己的声音，并对自己的声音效果进行适当的处理，最后将两个音轨合成，保存为 MP3 格式。

第五章

新媒体视频制作

学习目标

- ✈ 了解网络视频的发展历程及趋势。
- ✈ 了解不同时期新媒体视频形态的具体表现形式和特征。
- ✈ 掌握新媒体视频格式及常用制作软件。
- ✈ 掌握录制短视频并通过短视频平台进行推广传播的方法和步骤。

伴随着 5G 技术逐渐应用于通信领域，移动互联网发展步入新时代。移动智能终端设备也逐渐普及，人们的网络使用习惯发生了改变，越来越多的网民青睐于趣味丰富的新媒体视频，从抖音、快手等短视频平台的粉丝基数和使用热度可窥见一斑。熟悉新媒体视频的具体格式和常用的制作软件，通过动手实践，在新媒体视频制作中感受视听语言的魅力，在新媒体视频作品的传播中掌握内容营销的侧重点及技巧。

第一节　网络视频的发展历程及趋势

关注、研究并实践网络视频新媒体是传统媒体跨媒体发展战略的重要策略之一。梳理网络视频在不同发展阶段不同的概念，明晰网络视频发展的 5 个阶段和 6 个趋势。

一、网络视频发展历程

网络视频作为一种网络新媒体，凭借丰富的信息表达形式和快捷的信息传递渠道，正吸引着越来越多的用户。网络视频在媒体市场中的占有率保持高速增长，尤其是视频加入"交互"和"便携"的特征后，在大数据来临的时代下，网络视频基于用户的个性化体验和用户感受成为变革的核心。伴随着网络视频相关概念的逐步演进，自 2005 年我国网络视频开始出现以来，历经了如下发展。

1. 网络视频4种概念的演进

（1）交互式网络电视

交互式网络电视（Internet Protocol TV，IPTV）主要是指通过 IP 网络传输可交互式的视频。这一术语最早出现于 1995 年美国一家软件公司开发的一款互联网视频产品 IPTV。1999 年在英国、加拿大等国开始出现 IPTV 的商用服务。2008 年前后在我国成为产业热点。与传统的数字电视相比，IPTV 是通过宽带传输数据的，在功能应用方面有了质的飞跃。IPTV 除了提供传统影视节目外，还可实现多种交互式体验功能，如玩游戏、查询缴费等，使电视变得更加智能与便民。另外，IPTV 的多画面直播等功能也是数字电视和有线电视所不具备的。与普通网络机顶盒不同，IPTV 网络电视是由获得 IPTV 牌照的运营商来提供的，确保所有影视节目都是合法、正版、高清资源，提高了影视内容的质量。

（2）互联网电视

互联网电视（OTT TV）是指基于开放互联网的视频服务（在网络之上提供服务，强调服务与物理网络的无关性），终端可以是电视机、计算机、机顶盒、智能手机等。从消费者的角度出发，OTT TV 就是互联网电视，满足消费者的需求，如现在比较流行的小米电视、银河奇异果、芒果 TV 等。奥维云网数据显示，2018 年上半年全球液晶电视出货量同比增加 4.9%，OTT TV 终端激活数量增加 1900 万台，总量达到 1.9 亿台。

（3）手机电视

手机电视（Mobile TV）是指以手机等便携式手持终端为设备，传播视听内容的一项技术或应用。手机电视具有电视媒体的直观性、广播媒体的便携性、报刊媒体的滞留性以及网络媒体的交互性。手机电视是一种新型的数字化电视形态，为手机增加了丰富的音频和视频内容。手机电视不仅能够提供传统的音视频节目，还可以利用手机网络方便地完成交互功能，更适合于多媒体增值业务的开展。最早的手机电视设备出现在1997年。韩国最早采用3G移动网络及地面微波传输数字多媒体广播、卫星传输DMB提供手机电视服务。中国手机电视业务于2003年博鳌亚洲论坛期间首次在国内推出。在博鳌亚洲论坛期间，手机电视项目通过移动、联通两家手机网络共向用户发送了由海南电视新闻中心制作的将近70条博鳌亚洲论坛相关视频新闻。系统显示，在短短三天时间里，全国各地共有3万人次使用了这项全新的手机电视服务。

国内第一张"手机电视"运营牌照的拥有者是上海文广新闻传媒集团，其手机电视主要是基于中国移动或中国联通移动通信网络的一种流媒体的影音直播、点播业务。2005年5月，中国移动和上海文广新闻传媒集团签署了战略合作协议，协定共同推出"手机电视"流媒体业务。自2009年3G移动网络在国内商用以来，我国手机电视发展也开始升温，并在2011—2012年开始爆发。2019年6月18日，中国国际卫视手机电视台正式开播，昭显着我国国际传播实力的不断增强。

（4）智能电视

智能电视（Smart TV）是指可以与互联网连接，具备开放式操作系统与芯片，拥有开放式应用平台，可以对应用功能进行升级的新型电视产品。2011年是我国家电行业的智能电视元年。智能电视主要有以下特征：具备较强的硬件设备，包括高速处理器和一定的存储空间，用于应用程序的运行和存储；搭载智能操作系统，用户可自行安装、运行和卸载软件、游戏等应用；可以连接公共互联网；具备多种方式的交互式应用，如新的人机交互方式、多屏互动、内容共享等。截止到2018年12月，中国彩电零售量为4774万台，同比微增0.5%，零售额规模为1490亿元，同比下降8.6%，其中智能电视销量占比达到89%。2018年智能电视保有量渗透率为36%，下一步智能电视将走进农村市场，以新技术推动传统家电产业发展。

2. 网络视频发展的5个阶段

（1）网络视频萌芽、成长阶段（2004—2005年）

2004—2005年，国内开始出现以用户需求为驱动的网络视频商业网站，如乐视、土豆、优酷等。这些网站成立前期内容资源较为匮乏，一方面移植传统媒体内容，另一方面仰赖用户上传内容，平台自制的内容相对较少。同时，视频网站的出现大大改变了用户以往的视听消费习惯，将人们的注意力和关注点从线下转移到线上，开创了网络营销的新打法。

（2）网络视频发展、规范阶段（2006—2008年）

在第一批视频网站上线后，中国视频行业迎来了发展期。在此期间，相继推出不同模式的视频网站，同时不断创新用户服务模式，加强细分市场的竞争。例如，在2006年正式上线的优酷网树立"快者为王"的产品理念，随后提出"拍客无处不在"的理念，引发全民狂拍热潮。

进入2007年，中国网络视频行业依然快速发展。根据中国互联网络信息中心发布的《第21次中国互联网发展状况调查统计报告》，截至2007年年底，网络影视观看比例达到76.9%，在所有网络应用中位居第三，全国有1.6亿人曾通过网络欣赏影视节目。中国网络视频行业发展初期，门槛低、市场较为分散，涌现了数百家视频网站。为了加强管理，2007年年底，国家新闻出版广电总局与工业和信息化部联合发布了《互联网视听节目服务管理规定》，对网络视频提供的服务进行了严格的限制，并查处了一批不合规的视频网站。

（3）网络视频发展、壮大阶段（2009—2012年）

在此期间，各视频网站开始集中上市。2010年8月，乐视网在深圳证券交易所登陆创业板；12月，优酷网成功在纽约证券交易所上市；2011年8月，土豆网登陆纳斯达克。除通过上市获得资金优势以外，各视频网站也试图在其他方面壮大自身的优势。腾讯视频和爱奇艺凭借广大的用户量和强大的资本优势，也加入网络视频行业并迅速占据了一部分市场。2012年，优酷网与土豆网合并，成立合一集团，成为中国视频行业的"领头羊"。

（4）网络视频寡头市场形成阶段（2013—2015年）

随着智能手机的普及，网络视频市场（尤其是移动端市场）越来越大。截至2015年6月，网络视频用户规模达到4.61亿，用户使用率为69.1%。网络视频在呈现较为稳定增长态势的同时，市场也趋于饱和，一些大型视频网站为了进一步增强竞争力，选择了并购重组、强强联合的模式。2013年，爱奇艺与PPS合并；2015年，乐视网入股酷派。中国网络视频行业进入以爱奇艺、腾讯视频、优酷土豆和乐视网为主的"寡头阶段"。

（5）网络视频跨界合作、多样发展不断深化阶段（2016年至今）

截至2018年12月，中国网络视频（含短视频）用户规模达7.25亿，网络平台进一步细分内容品类，并对其进行专业化生产和运营，行业的娱乐内容生态逐渐形成；各平台以电视剧、电影、综艺、动漫等核心产品类型为基础，不断向游戏、电竞、音乐等新兴产品类型拓展，以知识产权（Intellectual Property，IP）为中心，通过整合平台内外资源实现联动发展，形成视频内容与音乐、文学、游戏、电商等领域协同的娱乐内容生态。面对短视频用户增长渐缓的趋势，视频博客（Vlog）强调通过真实记录生活影像展现创作者鲜明的个性风格、生活态度以及价值理念。2018年，中国Vlog用户规模发展到1.26亿，以更强的个人属性和占据微信、微博平台两大重要入口的优势，使其拥有较大的社交潜能。在 5G 技术的加持下，社交作为视频时代最具基础性的价值，或助推 Vlog 成为视频社交的下一个风口。

二、网络视频发展的趋势

目前，网络视频市场已经进入竞争加剧的阶段，因此呈现出与以往不同的新趋势：一方面是与相关领域的融合，另一方面是与新技术和新应用的融合。政策规制在技术发展和市场竞争中扮演着"定海神针"的作用，助推网络视频朝着良性方向发展。网络视频（含短视频）用户规模达 7.25 亿，手机网民平均每天上网时长达 5.69 小时，在短视频忠实用户中，30 岁以下群体占比接近七成，在校学生群体占比将近四成，一线、新一线城市用户占比相对较小，五线城市用户占比大。

趋势一： 政府相关部门对网络视听领域监管加强，短视频尤为突出

2018 年，国家广播电视总局、国家互联网信息办公室等相关部门先后出台相关规范文件，要求短视频、网络直播企业坚持正确导向，坚持内容管理，严肃整治部分违规平台和节目，以维护网络视听节目传播秩序，保证行业健康和可持续发展。2019 年 1 月,中国网络视听节目服务协会发布《网络短视频平台管理规范》和《网络短视频内容审核标准细则》，从机构把关、内容审核两个层面为规范短视频传播秩序提供依据。2019 年 3 月，短视频平台试点上线青少年防沉迷系统，以呵护未成年人健康成长、营造良好网络环境。

趋势二： 网络视频（含短视频）用户规模达7.25亿，短视频对新增网民的拉动作用明显

截至 2018 年 12 月，中国网络视频（含短视频）用户规模达 7.25 亿，占整体网民的 87.5%。其中短视频用户规模达 6.48 亿，网民使用率为 78.2%，短视频用户使用时长占总上网时长的 11.4%，超过综合视频（8.3%），成为仅次于即时通信的第二大应用类型；网络直播用户规模达 3.97 亿，网民使用率为 47.9%，呈下降趋势；网络音频用户规模达 3.01 亿，网民使用率为 36.4%，呈男性化、高学历、城镇化特征，以消费能力较强的 20 ～ 39 岁、二线及以上城市人群为主；互联网电视激活终端规模达 1.86 亿。短视频对新增网民的拉动作用最为明显。

趋势三： 从内容角度看网络剧呈现出"短剧化"和"分账剧"的趋势

在网络剧方面，2018 年全网共上新 283 部，较 2017 年减少 12 部。年度热

剧多为付费独播剧，其中尤以古装剧最多；原创剧呈现逐年下降的趋势，市场趋向保守，IP 改编剧受到青睐，2018 年 IP 改编剧占总量的 38.2%，TOP 20 里面只有两部是原创剧；"短剧化""分账剧"的趋势明显。2018 年新播国产网综数量为 162 部，较 2017 年增长 14.1%，网综投资规模达 68 亿元，同比增长超 58%，网综"大投入"趋势更为凸显。在平台竞争上，优酷、爱奇艺、腾讯视频、芒果TV "四足鼎立"的格局明显，TOP 10 榜单中，腾讯视频占 2 席、爱奇艺占 3 席、优酷占 4 席、芒果 TV 占 1 席。播映指数排名前 162 名的网络综艺除搜狐视频有 6 档上榜外，其余均为以上 4 家出品。TOP 20 的网络综艺主要以选秀类、真人秀类为主。

趋势四：网络视频收看终端设备多样化，手机屏最普及，电视屏潜力最大

网络视频用户（含短视频）的收看终端呈现多样化特征。其中，手机终端数量为 7.25 亿，用户使用率为 99.7%，排在首位；其次是台式计算机，终端数量为 3.61 亿，用户使用率为 49.8%；笔记本电脑、平板电脑的使用率分别为 37.9%、32.4%，终端数量分别为 2.75 亿、2.35 亿。互联网电视作为未来智慧家庭生活娱乐的核心入口，截至 2018 年年底，覆盖终端 2.51 亿，激活终端 1.86 亿，继续保持高速增长态势，商业前景广阔。

趋势五：短视频应用对增加网民上网时长贡献显著，整体使用时长超过综合视频应用

2018 年 12 月，手机网民平均每天上网时长达 5.69 小时，较 2017 年 12 月净增 62.9 分钟。其中，短视频的时长增长贡献了整体时长增量的 33.1%，排在首位，综合视频应用亦贡献了 3.1% 的时长增量。2017 年 6 月，短视频应用的用户使用时长在整体网民中的占比仅为 2.0%，截至 2018 年 6 月、2018 年 12 月，这一数字分别增长到 8.8%、11.4%，同期综合视频应用的用户使用时长则分别下降了 9.2%、8.3%。从这两类应用的日均使用时长来看，2018 年以来，短视频应用日均使用时长迅速增加，与综合视频应用之间的差距逐步缩小，并在 2018 年 6 月实现反超，且优势逐步拉大，2019 年 2 月，两者之间的使用时长差距达到峰值。

趋势六：短视频应用在中老年、低学历、高学历、中高收入人群中加速渗透

在短视频忠实用户中，30 岁以下群体占比接近七成，在校学生群体占比将近四成，一线、新一线城市用户占比相对较小，五线城市用户占比较大。短视频应用在中老年、低学历（小学及以下）、高学历（本科及以上）、中高收入人群中的使用率明显提升。40 岁以上用户的使用率在半年内提升了 12 个百分点以上；小学及以下、本科及以上学历人群的使用率分别提升了 12.6 个百分点，这两类人群在短视频用户中的占比也进一步上升；个人月收入在 3000 元以上人群对短视频的使用率均提升了 7 个百分点以上，远高于低收入人群。

网络视频这一新型媒体形式的发展仍在艰辛的探索之中，普遍认为存在新的商机。就媒体形式的特点而言，重点在于现有的多屏互动，也就是现有新型媒体终端形式的融合，同时创新表现形态（如短视频平台）通过简短有趣的视频吸引受众，进而促使媒体受众的互动，形成新的媒体运作方式和新的媒体市场。

第二节　新媒体视频形态的变迁

随着通信技术的不断发展，互联网顶层设计的不断完善，我国的互联网事业正在朝着网络强国方向发展。人们的信息消费需求也不再满足于被动的信息接收和单调的版面形态，而是朝着多样化、视觉化的方向发展。新媒体视频形态也随着用户的需求，不断调整自身形态。从网页视频到微电影，从网络直播到短视频。平台种类日益繁多，用户划分日益精细，对用户个性化需求的满足也更加精准。

一、网页视频

一部门户网站发展史就如一部中国互联网史，门户网站中网页视频的兴起和发展是中国新媒体视频形态变迁的重要见证。门户网站进入中国的时候，美国主流门户网站已经开始主导互联网商业化进程的时刻。"美国在线"（AOL）和"雅虎！"（Yahoo！）等第一代成熟形态的门户已经在国际市场强势崛起，这些网站主要是基于实用程序的静态链接和功能聚合，如股票信息、天气网站、搜索网站、新闻链接，形成门户主要的功能模式和服务形态。

1994 年 4 月 20 日，中国互联网正式国际联网。这一年，杨致远和大卫·费罗开始创办未来的门户之王——雅虎。1998 年搜狐正式成立，早期的搜狐网站如图 5-1 所示。这一时期网页视频还未形成，大多数新闻报道采用组图的方式进行现场呈现。

自门户网站创立之初，经营者便有意识地利用网页视频形态进行内容宣传。1999 年，搜狐推出新闻及内容频道，形成了综合门户网站的雏形，正式开启了中国互联网门户时代。受制于当时的通信技术和传输设备，大量信息内容仍需通过文字文本和图片的形式进行传播，但网站经营者已经开始逐步尝试并且在网站信息内容中增加网页视频的容量和数量，通过截取或制作部分视频内容进行传播，或者通过 Flash 动画较为形象地还原事件原貌，帮助用户理解事件的前因后果和来龙去脉。这种网页视频形态改善了用户的阅读体验，但由于当时的技术条件和设备终端，造成延时播放或不支持播放等问题。

图5-1

二、微电影

微电影即微型影视，又称微影。微电影是指专门运用在各种新媒体平台上播放，适合在移动状态和短时休闲状态下观看，具有完整策划和系统制作体系支持的具有完整故事情节的"微（超短）时（30 ~ 600 秒）放映""微（超短）周期制作（1 ~ 7 天或数周）"和"微（超小）规模投资（几千至数千 / 万元每部）"的视频（"类"电影）短片，内容融合了幽默搞怪、时尚潮流、公益教育、商业定制等主题，可以单独成篇，也可系列成剧。

虽然业内至今没有一个公开且让各方都认可的完整定义，但它的微播出平台、微规模投资、微周期制作、微时放映的"四微"特征已被业界认可。微电影的最初尝试可追溯到 2001 年，宝马北美公司集结 8 位世界级一流的导演，推出 8 部具有鲜明个人风格和创新性的电影短片。2010 年年底，被称为史上的第一部微电影《一触即发》将品牌理念融入电影故事情节中，使观众在消费品牌的同时也获得了美的享受，提升了品牌的影响力和美誉度，使广告中的系列车型在部分城市出现热销，获得了市场效益与用户口碑，之后微电影风暴被"一触即发"。2019 年 8 月中国银联云闪付推出的《大唐漠北的最后一次转账》广告微电影（见

图 5-2）以契合中国人自古以来爱国、诚信的文化传统，将中国银联"虽远必达分文不差"的企业使命淋漓尽致地传递。很多网友看过后纷纷表示"这不是广告，而是国家形象"。

图5-2

随着网络视频业务的发展壮大，互联网已成为一个重要的影视剧播放平台，各大门户和视频网站在视频领域的竞争异常激烈，热门影视剧版权价格也随之提升，高昂的版权购买费带来了巨大的运营成本，网络平台开始纷纷制作微电影充实网站内容，吸引网络用户。微电影的兴起既是对传媒市场同质化内容的改革，也是根据用户需求及时调整广告宣传策略的关键举措。

网络视频同质化竞争严重，网站需要寻找差异化的竞争路线，提升原创能力。在这种竞争环境下，自制微电影是一个很好的选择。自制微电影不但成本低，而且能保证网站在运营中享有更多主动权，同时微电影的灵活性和投资决策的风险都更加可控。随着中国网民素质的提高、网民自我意识的崛起，广大网民对广告的容忍度越来越低，尤其是那些生硬、直白、单调的叫卖式硬广告，有些浏览器甚至可以直接过滤掉这些广告。如今，广告需要采用更软性、更灵活、更易接受的营销方式，而定制专属于品牌自身的微电影则成为新的行业趋势。一方面，微电影广告比传统广告更有针对性，观看它的人群主要是具有较强购买力的年轻人群；另一方面，微电影可以把产品功能和品牌理念与微电影的故事情节巧妙地结合，用精彩的视听效果达到与观众的情感交流，使观众形成对品牌的认同感。

在信息碎片化、文化快餐化的今天，微博、微信、微小说、微经济等微文化大行其道，我们显然已跨入"微时代"。北京大学新闻与传播学院教授胡泳认为：在"微时代"，媒体的表现因人们消费媒体的需求而不断改变。当人们面临日益加快的生活节奏，希望以最短的时间获取最多的信息。微电影这种免费、灵活、短小精悍的电影形式更符合现代人的收视心理，尤其受年轻观众的青睐。微电影广受欢迎的背后是契合了人们碎片化的消费特征，由于时间压力和资金压力，广大用户在空闲之余往往通过观看免费微电影陶冶情操，满足娱乐消费需求。

三、网络直播

网络直播是新兴的高互动性视频娱乐方式。这种直播通常是主播通过视频录制工具在互联网直播平台上直播自己唱歌、玩游戏等活动，而受众通过弹幕与主播互动。网络直播分为两类：一类是在网络环境中观看节目现场直播的"网络电视"；另一类是利用流媒体技术在网络上直播或录播，通过连接摄像头的手机或计算机直播唱歌等自主性的表演形式。总而言之，网络直播主要依托互联网这一技术基础，是通过视讯方式展开的视频直播，其基于现场实况进行连续不断的网络视频播送。

1．起步期：2005—2013年

网络直播市场随着互联网模式演化起步，以 YY、六间房等为代表的 PC 端秀场直播模式为众人所熟知。这段时期，用户消费主要用于社交关系消费（用户等级体系，白名单特权等）和道具打赏。2013 年 12 月 4 日，工业和信息化部发放了4G 牌照，标志着我国电信产业正式进入 4G 时代，也意味着网络直播由起步期向发展期过渡。

2．发展期：2014—2015年

这个阶段以游戏直播为主。电竞游戏直播出现，在大量游戏玩家的推动之下使网络直播"一夜爆红"。这个阶段形成了多人同时在线竞技的游戏模式，产生了社交需求以及学习、提升游戏水平的需求，观赏、娱乐、游戏视频本身内容的可观赏性等因素推动了游戏直播平台的诞生。

3．爆发期：2016年

2016 年，网络直播市场迎来了爆发期。这一年被称为"中国网络直播元年"，各种网络直播平台呈现井喷式发展。在这个阶段，网络直播向泛娱乐、"直播 +"演进，网络直播进入更多垂直细分行业。在社群经济上，各行业与网络直播结合，与用户进行互动，增加用户黏性；在商业模式上，除了虚拟道具的使用外，积分制、会员等级制等其他互联网商业模式均进行对接整合。

根据国内运营商规划，2016 年国内 4G 网络建设继续稳步推进，三家基础电信企业集体步入"4G+"时代，推进了移动直播发展。用户在脱离计算机后通过移动手机客户端实现移动直播，其全场景和更加敏捷的直播形式备受各大网络直播平台的青睐，其中以映客、花椒、易直播等移动直播、泛娱乐直播为代表，如图 5-3 所示。

平台运营方	秀场直播			游戏直播			泛娱乐直播			直播＋	
	Now直播	酷狗直播	花样直播	斗鱼TV	虎牙直播	企鹅电竞	映客	花椒直播	一直播	淘宝	微博
	星光直播	乐嗨秀场	石榴直播	熊猫TV	触手TV	CC直播	YY直播	来疯直播	奇秀	优酷视频	网易新闻
	喵播	羚萌直播	优艺直播	战旗直播	火猫TV	飞云直播	火星直播	奇乐直播	易直播	Soul	小咖秀
	体育直播			教育直播			财经直播			即刻	西瓜视频
	腾讯体育	新浪体育	乐视体育	网易公开课	有道精品课	腾讯课堂	央视财经	点掌财经	21财经	土豆视频	全民小视频

图5-3

4．成熟期：2017年至今

随着自制综艺、5G技术、虚拟直播等在线直播新浪潮的出现，在线直播平台用户规模持续上涨。2019年第二季度，在娱乐内容类直播平台中，花椒直播月活跃用户数量超2600万。在自制综艺方面，近六成受访直播用户愿意观看直播平台的自创综艺，且男女比例基本持平，其中，花椒直播平台自创节目较受受访直播用户青睐，大批专业主持人进驻花椒直播平台，为花椒直播输出优质内容提供了重要保障。内容垂直化或将成为在线直播行业竞争的主旋律，平台把内容更多聚焦在某一特定用户群体的需求。未来直播行业内容垂直化趋势将更加明显，除了娱乐、游戏直播外，教育、电商等细分市场将涌现新的市场机会。VR直播崭露头角，作为虚拟现实与直播的结合。与现在流行的直播平台不同的是，VR直播对设备的要求较高，普通的手机摄像头和PC摄像头难以满足要求，需要采用360°全景的拍摄设备，以捕捉超清晰、多角度的画面，每一帧画面都是一个360°的全景，观看者还能选择上、下、左、右任意角度，体验更逼真的沉浸感。其中，"微吼直播"是国内首家能做VR商业直播的平台。VR直播无可比拟的沉浸感使观众瞬间穿越时空，进入他人的角色。这个阶段，开始将VR技术与直播相结合。虽然目前技术条件不够成熟，体验还不完美，但是VR直播趋势已经明朗。

四、短视频

2005年视频网站在国内刚兴起时，以用户上传分享的短视频见长。美国是较早涉足移动短视频社交应用领域的国家。YouTube、Viddy、Instagram短视频等受众广泛，其发展经验和成功模式引起国内互联网企业关注，并结合国内市场不断推出新应用。内容爆款对短视频发展也有影响。早期，国内短视频的广告价值并未全面发挥，而版权和带宽也导致长视频缺乏市场基础，曾经历过低潮。直到 2010 年，随着技术、受众、资本和内容生态变化，人们重新把视线转向投资少、成本低、内容易掌控的短视频，从而拉开了短视频时代的序幕。

1. 国内外短视频平台应用的火爆，向青少年群体渗透

"95 后"群体"触网"的加速普及，"00 后"被称为"触屏一代"。腾讯视频、爱奇艺、优酷土豆居于短视频的传统第一阵营。年轻人聚集的 B 站、A 站等二次元弹幕网站异军突起。

快手、抖音、秒拍、小咖秀、微视、火山小视频等短视频和直播类应用持续火爆，占据了非常庞大的市场，如表 5-1 所示。另外，微博、微信、今日头条、一点资讯、央视新闻客户端、芒果 TV、人民日报客户端等也纷纷上线短视频频道，实现了强大的流量导入。

表 5-1　常见短视频平台

平台	说明
抖音	一个旨在帮助用户表达自我，记录美好生活的短视频分享平台
快手	短视频社区，用于用户记录和分享生产、生活的平台
微视	腾讯旗下短视频创作平台与分享社区，用户不仅可以在微视上浏览各种短视频，同时还可以通过创作短视频来分享自己的所见所闻
秒拍	短视频分享应用，集观看、拍摄、剪辑、分享于一体的超强短视频工具，更是一个好玩的短视频社区
抖音火山版	一款 15 秒原创生活小视频社区，由今日头条孵化，通过小视频帮助用户迅速获取内容，展示自我，获得粉丝，发现同好
美拍	以社交为主的手机拍摄视频交友平台
小咖秀	自带趣味功能的视频拍摄交友平台

2. 我国互联网进入短视频时代，头部社交媒体账号抢滩短视频行业

新浪秒拍以期成为新浪微博的视频拍摄附属工具，10 秒时长，有滤镜和编辑功能，2013 年 12 月正式上线，吸引了网红的增长。2014 年成为短视频元年，4 月才推出的美拍依托于美图秀秀很快获得大量用户。腾讯微信于 2014 年 10 月加入"小视频"功能，6 秒时长，可以在聊天和朋友圈中发布。近年来，短视频行业竞争进入白热化，除了腾讯视频、优酷土豆、爱奇艺和"两微一端"等，快手、抖音、美拍、秒拍、微视、西瓜视频、抖音火山版等纷纷募集一批优秀的内

容制作团队入驻。各门户和互联网企业纷纷推出短视频应用。

3. 短视频、网络直播催生了"网红"热潮

2016 年以来，淘宝、京东上的短视频展现产品特性，娱乐业、旅游业、美妆业等纷纷进入短视频领域，"网红"现象开始出现，我国视频行业逐渐崛起一批优质用户生产内容（UGC）、专业生产内容（PGC）制作者，例如某抖音红人的音乐短视频作品所吸引的关注量就达 1300 多万。用户生产内容不但有效增添了平台的内容存量，而且用户通过上传自制短视频吸引平台其他用户关注，可以赢得更高的关注量和曝光度，为上传内容商业变现提供受众基础。近年来，短视频和直播领域也出现了罗辑思维、吴晓波频道等新的知识网红。科普视频内容大为流行，知识付费、知识问答也成为 2017 年短视频发展的引爆点。

艾媒网《2018—2019 中国短视频行业专题调查分析报告》显示：2018 年中国短视频用户规模达到 5.01 亿，处于短视频平台第一梯队的抖音和快手用户活跃数量维持在 2 亿左右，位居其后的西瓜视频和抖音火山版用户活跃数量分别约为 6700 万和 5000 万，如图 5-4 所示。短视频行业热度不减，市场规模仍将维持高速增长。短视频作为新型媒介载体，能够为众多行业注入新活力，而当前行业仍处在商业化道路探索初期，行业价值有待进一步挖掘。随着短视频平台方发展更加规范、内容制作方出品质量逐渐提高，短视频与各行业的融合会越来越深入，市场规模也将维持高速增长态势。

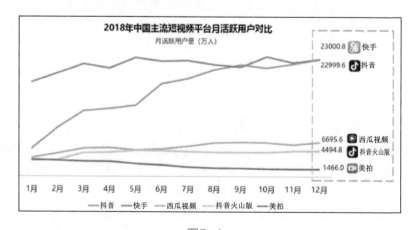

图5-4

短视频存量用户价值凸显，稳定的商业模式是关键。目前，大部分短视频平台基本完成用户积淀，未来用户数量难以出现爆发式增长，平台的商业价值将从流量用户的增长向单个用户的深度价值挖掘调整，然而用户价值的持续输出、传导、实现都离不开完善、稳定的商业模式。

短视频营销在原生内容和表现形式方面的创新和突破更加成熟化，跨界整合也将成为常态。通过产品跨界、渠道跨界、文化跨界等多种方式，将各自品牌的特点和优势进行融合，突破传统固化的界限，发挥各自在不同领域的优势，从多个角度诠释品牌价值，加强用户对品牌的感知度，并借助短视频的传播和社交属性提升营销效果。随着技术的不断进步以及社会各界持续的监督，短视频平台价值观也将逐渐形成和确立，行业标准将不断完善。

新兴技术助力短视频平台降低运营成本、提升用户体验。5G 商用加速落地，将会给短视频行业带来一波强动力，加速推进行业发展。人工智能技术的应用有助于提升短视频平台的审核效率，降低运营成本，提升用户体验，同时能协助平台更好地洞察用户、更快推进商业化进程。

第三节　新媒体视频格式及常用软件

常见的新媒体视频格式有 AVI、MPEG、Real Video、QuickTime、FLV、MP4 等。不同的视频格式有不同的特点，影视工作者要根据硬件设备和产品用途灵活选取输出的视频格式。新媒体视频常用的制作软件有会声会影、Premiere、Adobe After Effects、快剪辑等，不同的制作软件可以产生不同的制作效果。建议初学者由易到难，利用会声会影、快剪辑等软件尝试剪辑，形成一定基础后，再使用较为专业的视频剪辑软件 Premiere 和特效视频合成软件 Adobe After Effects 提升作品视觉效果。

一、视频格式

视频格式是视频播放软件为了能够播放视频文件而赋予视频文件的一种识别符号。视频格式可以分为适合本地播放的本地影像视频和适合在网络中播放的网络流媒体影像视频两大类。尽管后者在播放的稳定性和播放画面质量上没有前者优秀，但网络流媒体影像视频的广泛传播性使其被广泛应用于视频点播、网络演示、远程教育、网络视频广告等互联网信息服务领域。

1. AVI文件

音频视频交错格式（Audio Video Interleaved，AVI）是 Microsoft 公司开发的一种符合 RIFF 文件规范的数字音频与视频文件格式，允许视频和音频交错在一起同步播放，支持 256 色和 RLE 压缩，但 AVI 文件并未限定压缩标准。因此，AVI 文件格式只是作为控制界面上的标准，不具有兼容性，用不同的压缩算法生成的 AVI 文件必须使用相应的解压缩算法才能播放出来。常用的 AVI 播放驱动程序有 Microsoft Video for Windows 和暴风影音。

2．MPEG文件

MPEG 文件格式是运动图像压缩算法的国际标准，采用有损压缩方法减少运动图像中的冗余信息，同时保证每秒 30 帧的图像动态刷新率，已被几乎所有的计算机平台共同支持。MPEG 标准包括 MPEG 视频、MPEG 音频和 MPEG 系统（视频、音频同步）3 个部分，MP3 音频文件就是 MPEG 音频的一个典型应用，而 Video CD（VCD）、Super VCD（SVCD）、DVD（Digital Versatile Disk）是全面采用 MPEG 技术所产生出来的新型消费类电子产品。其基本方法是：在单位时间内采集并保存第一帧信息，然后只存储其余帧相对第一帧发生变化的部分，从而达到压缩的目的。它主要采用两种基本压缩技术：一种是运动补偿技术（预测编码和插补码）实现时间上的压缩，另一种是变换域（离散余弦变换 DCT）压缩技术实现空间上的压缩。MPEG 的平均压缩比为 50：1，最高可达 200：1，压缩效率非常高，同时图像和音响的质量非常好，兼容性也相当好。

3．Real Video文件

Real Video 是 Real Networks 公司开发的一种新型流式视频文件格式，包含在 Real Networks 公司所制定的音频视频压缩规范 Real Media 中，主要用来在低速率的广域网上实时传输活动视频影像，可以根据网络数据传输速率的不同而采用不同的压缩比率，从而实现影像数据的实时传送和实时播放。Real Video 除了可以让普通的视频文件形式播放之外，还可以与 Real Server 服务器相配合，在数据传输过程中边下载边播放视频影像，而不必像大多数视频文件那样，必须先下载然后才能播放。互联网上已有不少网站利用 Real Video 技术进行重大事件的实况转播。

4．QuickTime文件

QuickTime 是苹果公司开发的一种音频、视频文件格式，用于保存音频和视频信息，具有先进的视频和音频功能，被包括 Apple Mac OS、Microsoft Windows 8/10 在内的所有主流计算机平台支持。QuickTime 文件格式支持 25 位彩色，支持 RLE、JPEG 等领先的集成压缩技术，提供 150 多种视频效果，并配有提供了 200 多种 MIDI 兼容音响和设备的声音装置。新版的 QuickTime 进一步扩展了原有功能，包含了基于互联网应用的关键特性，能够通过互联网提供实时的数字化信息流、工作流与文件回放功能。此外，QuickTime 还采用了一种称为 QuickTime VR（QTVR）技术的虚拟现实技术，用户通过鼠标或键盘的交互式控制，可以观察某一地点周围 360° 景象，或者从空间任何角度观察某一物体。QuickTime 以其领先的多媒体技术和跨平台特性、较小的存储空间要求、技术细节的独立性以及系统的高度开放性，得到业界的广泛认可，成为数字媒体软件技术领域事实上的工业标准。

5．FLV文件

流媒体格式（Flash Video，FLV）是一种新的视频格式，它形成的文件极小、加载速度极快，使网络观看视频文件成为可能。它的出现有效地解决了视频文件导入 Flash 后，因导出的 SWF 文件体积庞大而不能在网络上很好地使用等问题。

6．MP4文件

MP4 是一套用于音频、视频信息的压缩编码标准，由国际标准化组织（ISO）和国际电工委员会（IEC）下属的"动态图像专家组"（Moving Picture Experts Group，MPEG）制定，第一版在 1998 年 10 月通过，第二版在 1999 年 12 月通过。MPEG-4 格式主要用于网上流、光盘、语音发送（视频电话）以及电视广播。

MPEG-4 包含了 MPEG-1 及 MPEG-2 的大部分功能及其他格式的长处，并加入及扩充对虚拟现实模型语言（Virtual Reality Modeling Language，VRML）的支持、面向对象的合成档案（包括音效、视讯及 VRML 对象）以及数字版权管理（DRM）及其他互动功能。MPEG-4 比 MPEG-2 更先进的一个特点是不再使用宏区块做影像分析，而是以影像上的个体为变化记录，因此即使影像变化速度很快、码率不足，也不会出现方块画面。

二、新媒体视频常用软件

一般情况下，为了去掉视频多余的片段，都要经过剪辑编辑后才发布到本地或网上。视频剪辑常用的软件如下。

1．会声会影

会声会影是加拿大 Corel 公司制作的收费视频编辑软件，目前较新版为会声会影 2019；该软件功能比较齐全，有多摄像头视频编辑器、视频运动轨迹等功能，而且支持制作 360° 全景视频，可导出多种常见的视频格式，甚至可以直接制作成 DVD 和 VCD 光盘。

2．Adobe Premiere

Premiere 是美国 Adobe 公司出售的一款强大的视频编辑软件，也是目前市场上应用比较广泛的视频编辑软件，目前较新版本为 Adobe Premiere Pro CC 2019。

该软件功能齐全，用户可以自定义界面按钮的位置，只要计算机配置足够强大，就可以无限添加视频轨道，而且将 Premiere "关键帧"的属性修改为不同的值就会形成一段不同的动画。

3．Adobe After Effects

After Effects 是美国 Adobe 公司出售的一款强大的视频特效制作软件，主要用于视频的后期特效制作，目前较新版本为 Adobe After Effects CC 2019。该软件功能齐全，可以制作各种震撼人心的视觉效果。如果用户的技术足够强大，那么好莱坞特效都可以轻易制作出来。

4．快剪辑

快剪辑是由 360 公司推出的免费视频剪辑软件，特别简单易学，上手非常容易。其官方网站推出 PC、苹果和安卓版，如图 5-5 所示。快剪辑最大的亮点就是在使用 360 浏览器播放视频时可以边播边录制视频。在制作视频时如果需要用到某段视频，就可以使用该软件直接录制下来，而不需要把整个视频下载下来，非常方便。

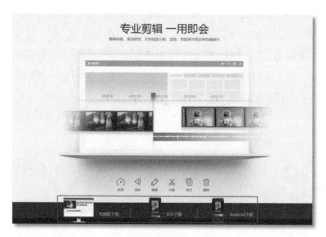

图5-5

如果想制作专业级视频，而且具备一定的剪辑知识，建议选择 Premiere 等比较专业的视频编辑软件；如果是新手，建议先接触"快剪辑"之类比较简单的视频编辑软件，后期再转用 Premiere 这类专业的软件。

第四节　新媒体视频案例制作

不同于微电影和直播，短视频制作没有特定的表达形式和团队配置要求，具有生产流程简单、制作门槛低、参与性强等特点。超短的制作周期和趣味化的内容对短视频制作团队的文案以及策划功底有着一定的挑战，优秀的短视频制作团队通常依托于运营成熟的自媒体，除了高频稳定的内容输出外，还要有强大的粉丝渠道。掌握短视频制作的常用软件及其使用规范是进行短视频创作的第一步。

一、PC端视频制作案例

短视频非常火，浏览量比较大，广告收益也比较高，很多新媒体人想通过视频网站获取素材再加工成短视频或小视频，但是学习专业剪辑软件需要一到两个月时间，操作相对比较复杂。"快剪辑"是一款功能齐全、操作简捷、可以在线一边观看一边剪辑的免费PC端视频剪辑软件。"快剪辑"和360浏览器结合，可以做到能播放的网上视频就能录制并剪辑成短视频。

使用"快剪辑"制作视频的操作方法如下。

（1）打开官方网站下载360浏览器，目前较新版本为360浏览器SE10.0，如图5-6所示。

图5-6

（2）"快剪辑"官方网站中提供了3种下载方式，分别为"电脑版下载""IOS下载"和"Android下载"。这里单击"电脑版下载"按钮，如图5-7所示。

图5-7

（3）打开 360 浏览器，登录视频播放网站，打开想要录制的视频，将鼠标指针移到播放界面，可以在播放视频窗口的右上角看到"快剪辑"录制视频菜单栏，单击"边播边录"按钮，如图 5-8 所示。

图5-8

（4）进入"视频录制"窗口，单击"开始录制"按钮 开始录制，单击"结束录制"按钮 停止录制。录制结束后，等几秒即可进入"编辑视频片段"窗口，如图 5-9 所示。

图5-9

（5）把鼠标指针移到下方的时间条两端，按住鼠标左键拉动，可以调整视频开始时间和结束时间，如图 5-10 所示。

图5-10

（6）单击"特效字幕"按钮，选择一种字幕特效，再单击"添加"按钮，然后双击"编辑特效字幕"，输入"新媒体欢迎您"，将文字的位置调整到屏幕正下方，设置出现文字时间为00:01:08，如图5-11所示。

（7）单击"马赛克"按钮，在视频界面有水印的地方按住鼠标左键拖曳，绘制一个方框盖住水印，这样水印就变得模糊了，如图5-12所示。

（8）单击"完成"按钮，添加"特效片头"为"影视"，并设置标题为"新媒体欢迎您"、创作者为"技术-hui"；在导出设置中设置"视频导出"文件格式为MP4、导出尺寸为720P、视频比特率为1500、视频帧率为25、音频质量为44100Hz，如图5-13所示。

图5-11

图5-12

图5-13

（9）单击"开始导出"按钮,弹出"填写视频信息"对话框,设置标题为"新媒体欢迎您",输入简介"学习制作短视频",并设置视频封面为第三张图,如图5-14所示。

图5-14

（10）单击"下一步"按钮生成视频文件,分享到快视频、百家号、企鹅号、大鱼号、今日头条、微博平台,单击"一键分享"按钮,如图5-15所示。

图5-15

二、移动端视频案例制作

目前手机视频编辑软件很多,本案例使用"清爽视频编辑器"制作视频。"清爽视频编辑器"是一款功能丰富的手机视频编辑类软件,支持视频合成（各种转场效果）、视频编辑，包括各种滤镜、主题效果以及生成 MV 相册、视频配音等功能。用户可以在手机百度搜索"清爽视频编辑"App 并下载。

（1）点击"清爽视频编辑"首页"视频剪影模板"中的"查看更多"按钮，如图 5-16 所示，进入模板选择页面。

（2）模板选择页面包括"全部""抖音""节日热点""热门"等模块，任意选择一个喜欢的 AE 模板，这里选择"早安愉快新一天"模板，如图 5-17 所示。

图5-16

图5-17

（3）进入模板详情页面后，准备好页面中需要提供的资源，如图 5-18 所示，准备完成后点击"一键制作"按钮。

（4）进入视频或照片添加页面后，先点击"＋"按钮导入"素材文件＼第五章＼华山 .MP4"录像文件，再点击"下一步"按钮，如图 5-19 所示。

图5-18

图5-19

（5）点击素材输入模块的方框，可以替换视频。移动白色标点调整"背景音乐音量"为50，再点击"选择音乐"按钮，如图5-20所示。

（6）点击右上方的"发布"按钮，将制作完成的剪影视频分享给好友，如图5-21所示。

三、视频剪辑常用软件

通过专业视频剪辑软件剪辑的视频文件通常比较大，会出现网络上传失败或者上传慢的问题，这时可以使用视频压缩工具把几百兆字节的视频直接压缩到几兆字节，而且不损失画质，十分方便上传。

图5-20　　　　　　　　　图5-21

1．小丸工具箱

小丸工具箱是一款可以压制 H264+AAC 视频的图形界面工具，如图 5-22 所示，能够封装 MP4 或抽取 MP4 的音频或视频，压制视频中的音频。这个软件的功能是帮助用户压缩视频，在不损坏视频质量的基础上压缩视频。

图5-22

2．格式工厂

格式工厂已经成为全球领先的视频、图片等格式转换客户端，具有视频格式转换、更改视频分辨率的作用，如图 5-23 所示。有时候我们通过不同的手机或者相机拍摄视频，视频的分辨率是不一样的，视频质量也不一样，此时可以使用格式工厂进行转化，将视频分辨率更改为适合手机的分辨率。

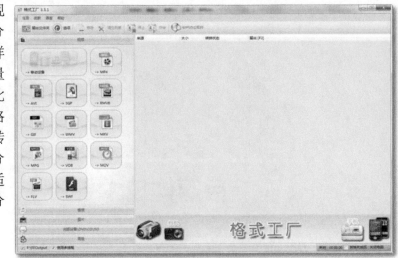

图5-23

本章小结 ↓

通过对本章内容的学习，读者对视频信息处理有一个基本的认识，掌握视频处理系统的设置、视频编辑软件在数字视频制作中的作用以及新媒体视频的制作方法，最后还能把自己创作的作品压缩并发布。

思考与练习 ↓

1．填空题

（1）常见的视频格式有＿＿＿＿＿＿＿＿＿＿＿＿＿＿＿＿＿。

（2）新媒体制作短视频的软件很多，常用移动端编辑软件＿＿＿＿＿＿。

2．简答题

（1）简述如何将一个视频素材导入视频素材库中。

（2）制作文件太大，如何把视频压缩到发布的需求？

3．操作题

制作一段完整的短视频（素材自己用手机录制），要求制作出的视频要有解说声音、背景音乐，在视频的开始处有标题，在视频中有转场效果和字幕，制作完成后的视频长度不超过 15 秒。

第六章

自媒体技术平台

学习目标

◢ 了解自媒体的概念、特点和发展现状。

◢ 了解常用自媒体工具。

◢ 掌握自媒体常用平台的使用及应用。

　　自媒体时代是指以个人传播为主，以现代化、电子化手段向不特定的大多数或特定的企业和个人传递规范性及非规范性信息的媒介时代，人人都有话筒，人人都是记者，人人都是新闻传播者。这种媒介基础凭借其交互性、自主性的特征，使新闻自由度显著提高，传媒生态发生了前所未有的转变。

第一节　自媒体时代

一、自媒体的概念

早在 20 世纪 60 年代，著名传播学家麦克卢汉就提出过"媒介即讯息"的相似理论，其含义是：媒介本身才是真正有意义的讯息，即人类只有在拥有了某种媒介之后才有可能从事与之相适应的传播和其他社会活动。媒介最重要的作用是"影响了我们理解和思考的习惯"。因此，对于社会来说，真正有意义、有价值的"讯息"不是各个时代的媒体所传播的内容，而是这个时代使用的传播工具所开创的可能性以及带来的社会变革。

自媒体的本质是信息共享的即时交互平台，是利用网络新技术进行自主信息发布的个人传播主体。

用一句话概括：自媒体就是自己做媒体。

自媒体包含以下两个主要因素。

- 运用互联网技术，依托头条号、大鱼号等自媒体平台。
- 个人作为传播者。

从广义上讲，新媒体和自媒体是相同的，都是依赖新技术的新型媒体形态。从狭义上讲，新媒体和自媒体是不同的，新媒体是形式，是载体；而自媒体是内容，是核心，二者相互依存，不可分割。例如，各网站平台是新媒体，为这些平台提供内容的创作者则是自媒体。

2019 年主流的自媒体平台有今日头条、网易号、搜狐号、一点号、大鱼号、企鹅号、百家号、凤凰号、新浪看点、新浪微博、微信公众号、百度贴吧、论坛等网络社区。

二、自媒体的特点

自媒体是一种信息传播的形式和载体，是基于个人的、实时的、可交互的互联网媒体。自媒体不同于传统媒体之处在于其传播主体的多样化、平民化和普泛化。

1. 多样化

自媒体的传播主体来自各行各业，相对于传统媒体从业人员单个行业的知晓能力，其覆盖面更广。在一定程度上，不同领域的自媒体传播者对于新闻事件的综合把握可以汇集成更具体、更清楚、更切合实际的信息。

2．平民化

自媒体的传播主体来自社会大众，自媒体的传播者因此被定义为"草根阶层"。业余的新闻爱好者相对于传统媒体的从业人员体现出更强烈的无功利性，他们的参与带有更少的预设立场和偏见，其对新闻事件的判断往往更客观、公正，缺点是看问题的角度不够全面。

3．普泛化

自媒体最重要的作用是将话语权授予"草根阶层"和普通民众，体现了民意。这种普泛化的特点使"自我声音"的表达成为一种趋势。

三、自媒体现状

自媒体以悄无声息的姿态潜移默化地改变着人们的生活方式、学习方式、娱乐方式甚至语言习惯。充分认识以互联网为代表的新媒体对大学生的影响，对于了解新时代大学生的世界观、价值观、认知世界的角度具有重大意义，进而对于学校在新形势下如何加强和改进大学生教育工作也具有十分重要的意义。

大学生使用自媒体技术的现状及其影响体现在接触时间早、上网时间长、信息获取的重要通道等方面。大部分大学生在初中时期甚至小学时期就开始接触网络，随着社会经济的发展、家庭经济收入的提高，电子产品的迅速普及，智能手机几乎人手一部。电子产品的大范围普及为大学生使用新媒体技术奠定了物质基础，同时也使大学生接触新媒体的时间大大提前。新媒体是大学生获取信息的重要途径。对于从互联网获得的信息，一半左右的大学生会通过自己的综合判断来得出自己的看法，而不是简单地相信网上的言论。

当今大学生对微博、微信、QQ、博客等自媒体已经再熟悉不过了，这些工具对信息的发布与传播起到了非常好的作用。对于同样一个事件，信息会从各种不同的渠道传播，人们不但可以通过电视、广播、报刊等传统媒体了解各类实时热点事件，判断事件的是非，而且可以通过自媒体从多方面、多角度去分析事实的真相。当然，这对人们的分析能力是一个挑战。同时，这也说明了自媒体的传播力度是相当大的。

自媒体行业的核心是内容，内容质量是决定能否在自媒体方面取得成功的重要因素。现在很多自媒体平台大致将内容分为 5 种形式，即图文、图集、短视频、小视频、问答。头条号在自媒体平台中处于领军位置，流量相对较大。在头条号中，流量大的内容形式是小视频、短视频（如西瓜视频），图文形式的内容流量相对于视频要弱一点。刚入驻头条号，一般平台给的推荐量都是很高的。

四、网红的自媒体化

网红自媒体就是由于社交网络的兴起，每个个体都具备了与媒体、媒介的传播功能相同的个人网络分享行为。网红伴随着直播行业的发展已然演变成为一种职业，甚至是一种经济代名词，但要成为网红还需要借助良好的网红自媒体平台。

目前网络红人分为文字时代的网络红人、图文时代的网络红人和短视频时代的网络红人。

1. 文字时代的网络红人

最早的网络红人处于互联网带宽技术不成熟的时代（属于文字激扬的时代），他们共同的特点是以文字安身立命并走红。

2. 图文时代的网络红人

当互联网进入高速的图文时代，网络红人开始如时尚杂志绚丽多彩起来，其中女性占尽优势，内容以图文的形式传播。这时候的互联网更有读图时代的味道。

3. 短视频时代的网络红人

当互联网带宽成熟后，进入宽频时代。网络短视频的流行是宽频时代网络红人到来的显著特征。

第二节 常用自媒体工具

如果想制作优秀的自媒体作品，就要使用一些得心应手的工具，如新媒体管家、H5 制作工具等。

一、内容素材搜集整理工具

经营自媒体与经营淘宝店铺是一样的，爆款的打造、运营技巧固然重要，但是最后拼的还是内容，对于大多数运营者来说，内容是决定性的因素。追踪热点、快速锁定热点、准确评估热点发展走势、搜集并整理相关资料，对于创作者快速打造爆款产品内容特别重要。搜狗搜索提供了搜狗微信搜索和搜狗知乎搜索（见图 6-1），汇集了大量的内容素材。

图6-1

百度搜索风云榜以数亿网民的单日搜索行为作为数据基础，建立全面的关键词排行榜与分类热点门户，实时更新网络热点，一站式解读热点信息，如图6-2所示。

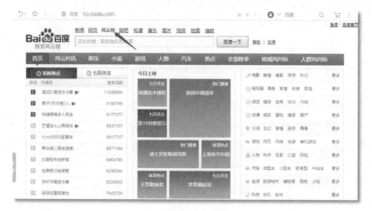

图6-2

新媒体管家是一款微信排版、编辑、账号管理工具，用来管理用户的所有新媒体账号（包括微信公众平台、今日头条、一点资讯、微博、知乎、网易媒体平台、搜狐开放平台、企鹅媒体平台、UC大鱼号、简书、百度百家共11家新媒体平台），如图6-3所示。

图6-3

二、文章排版编辑工具

文字排版、广告和宣传行业经常使用的图文编辑工具"135编辑器"是一款第三方在线编辑工具。它样式多，更新快，并提供了一键排版、收藏模板、全文换色和图片上传等免费功能，包含海量图片素材和简单直观的排版方式，可以使图文排版更轻松、高效，效果更加惊艳。这款编辑器主要应用于微信公众号文章、新闻网站以及邮箱等多种平台。"135编辑器"的官方网站如图6-4所示。

图6-4

三、H5制作工具

H5 是 HTML5 的简称，是移动端推广运营必备工具。现在很多自媒体运营者会使用 H5 的场景制作功能将一件事融入场景中，互动性强，可读性高，成为自媒体运营者的必选工具。排名靠前的工具有易企秀（见图 6-5）、MAKA（见图 6-6）、人人秀（见图 6-7）。

图6-5

图6-6

图6-7

四、移动端建站工具

很多自媒体工作者会借助第三方平台来进行内容运营，如企鹅媒体平台、今日头条、搜狐新闻客户端等，不需要使用手机建站工具。还有一部分群体有自己的独立自媒体平台，如个人博客。要想让自己的文章信息更容易传达给手机端的用户，就需要手机建站工具，如快站（见图6-8）、凡科等。

图6-8

五、二维码制作与推广工具

随着移动互联网和智能手机的快速发展，二维码被越来越多的人所接受：一方面，扫描二维码十分方便；另一方面，二维码可以携带很多信息，只要使用者扫一下，就可以快速准确地传递到手机。文字、图形、网址等都可以编码成二维码，现在电子支付的便捷也促使二维码迅速流行。草料二维码是比较流行的二维码制作工具，如图6-9所示。

图6-9

六、数据分析工具

互联网什么最重要？答案是数据。数据分析可以帮助我们解决很多问题，如确定方向、降低成本、节省开支等。目前什么数据值得分析呢？那必然是各大自媒体平台的数据，它是新媒体平台中具有参考性的数据。下面介绍新媒体必备的十大数据分析工具。

1．清博大数据

清博大数据拥有目前国内较大的第三方"两微一端"（微信、微博、App）数据库。其 WCI（微信传播指数）、BCI（微博传播指数）、ACI（App 传播指数）的独特算法公式已成为行业领域标杆。通过这些庞大的数据，我们可以开展各种形式的数据分析、榜单制作，并撰写相应的分析报告，同时还可以根据用户需求，搜集、整理其他来源的数据并进行分析。

清博大数据统计数据显示，在 2019 年上半年全国微信公众号排行榜中，6 月排名前十的公众号分别是人民日报、新华社、央视新闻、环球时报、共青团中央、人民网、参考消息、占豪、冷兔和十点读书。

2．新榜

新榜是中国较早提供微信公众号内容数据价值评估的第三方机构，2019 年上半年，微信公众号阅读数在 1 万以下的文章共计 8226 万篇，占比超九成，产生的阅读量达 716 亿次，占到总阅读量的 50.2%。聚沙成塔，一些企业已经受益于这些高性价比的中长尾公众号流量。

新榜构建了微信公众号系列榜单和覆盖较全面的样本库，与微博、企鹅媒体平台、优酷、爱奇艺、秒拍、美拍、喜马拉雅 FM、蜻蜓 FM、UC、淘宝头条、网易新闻客户端、凤凰新闻客户端等超过 20 个中国主流内容平台签为独家或优先数据合作，进而形成中国移动端全平台内容价值标准体系。

3．数说风云

数说风云是领先的社交媒体和数字营销内容与招聘平台，分享营销动态、创意案例、营销趋势和实践经验，为来自品牌主、营销代理商和媒体平台从业者提供交流和学习，为营销生态从业者提供内容媒体平台以及营销案例库、创意交流社区、线下活动等产品和服务。

4．微风云

微风云（原微博风云）是一家基于社交媒体平台做数据统计、监测、分析、挖掘的网站，提供微博和微信账号的影响力与价值排名服务，分析用户创造或传播的内容，使微博微信用户更加了解自己的社交媒体账号。同时，它也给微博、微信上的商业账号或品牌账号提供第三方独立分析工具，帮助商业用户提升影响力、传播度与商业价值。

5．头条指数

头条指数根据今日头条热度指数模型，将用户的阅读、分享、评论等行为的数量加权求和得出相应的事件、文章或关键词的热度值，考虑了用户的多种行为。除了热度外，头条指数还提供用户画像的分析功能；对相关关键词感兴趣的人群的性别、年龄、地域、兴趣都有直观的呈现；选择特定的时间段，还能回溯某段时间相应的数据表现。

头条指数能够帮助自媒体的创作，具有辅助创作、舆情分析和精准营销3个主要作用。目前，头条指数的更新是按照小时更新的，相对微信而言是比较及时的，同时还能够提供数据下载功能。

6．微指数

微指数通过关键词的热议度以及行业／类别的平均影响力来反映微博舆情或账号的发展走势。

微指数分为热词指数和影响力指数两大模块。此外，还可以查看热议人群及各类账号的地域分布情况。影响力指数包括政务指数、媒体指数、网站指数、名人指数。

7．微信热榜

微信热榜是根据微信公众号推送的文章在微信里的阅读数和点赞数对文章和账号做的排行榜。

8．西瓜数据

西瓜数据是专业的新媒体数据服务提供商，系统收录并监测超过300万个公众号，每日更新 500 万篇微信文章及数据。目前，西瓜数据提供专业的公众号数据分析服务，还提供优质公众号推荐、微信公众号排行榜、公众号数据监控、公众号诊断等功能服务，是公众号广告投放效果监测的专业工具。

9．易赞

易赞成立于 2015 年，是一个对接了自媒体与广告主的社会化媒体营销平台。目前，易赞平台提供公众号用户画像查询及新媒体观象台大数据，我们可以通过易赞官方网站及公众号"易赞"获得数据查询及分析。

10．微信指数

在微信上方搜索框中输入"微信指数"就可以在小程序中看到"微信指数"小程序，点击后即可进入微信指数的页面。

微信指数是微信官方提供的基于微信大数据分析的移动端指数，主要帮助用户了解基于微信本身的某个关键词的热度。例如，某一个事件频繁在公众号、朋友圈中出现，过去只知道这个词可能要"火"，但没有具体的数值来把"火"的程度表现出来，现在可以利用微信指数来了解某事、某人基于微信平台到底有多"火"。微信指数可以用具体的数值来表现搜索词的流行程度。

第三节　MAKA自媒体制作

MAKA 平台是国内一家 H5 数字营销创作及创意平台，上线至今已累积3000 万以上注册用户，每月超过 7 亿人次通过 MAKA 阅读 H5 图文交互信息。因为 HTML5 是万维网的核心语言，是标准通用标记语言下的一个应用超文本标记语言，所以 MAKA 的设计目的是为了在移动设备上支持多媒体，真正改变用户与文档的交互方式。

MAKA 平台的基本功能：提供海量的行业模板及图文编辑工具，方便用户多元化地展示其想表达的任何想法，如邀请函、活动推广、简历招聘、微贺卡、微喜帖、微相册、动态海报等微场景秀制作。精致的内容与社交关系完美结合，能以最短的时间抓住用户眼球，让人们对快速响应的动态效果印象深刻。在与他人分享世界的同时，MAKA 会用数字了解效果与趋势，从访问人数、城市分布、来源分析等数据来多维度寻找隐藏的问题，推送精准报表分析结果，满足企业宣传、问卷调查、数据收集等群体的需求。

MAKA 的五大优势让复杂的 HTML 代码不再成为障碍，可以进行可视化操作；选择不同的行业模板，快速制作出酷炫的效果；使用在线创作及创意工具，为企业提供包括企业形象宣传、活动邀请、产品展示、数据可视化展示、活动报名等应用场景需求的服务。MAKA 五大优势介绍如下。

（1）简单创作：通过简单点击和拖曳操作即可轻松添加或替换文字、图片等元素，预览效果后分享。1分钟上手，5分钟创作，极简的操作方式超越PPT。

（2）模板众多：5万多由专业设计师提供的原创精致的主题模板，10万多优质素材每天实时更新，覆盖20个行业，满足所有使用场景。

（3）双端同步操作：支持PC端和移动端。移动端MAKA可随时随地编辑作品，创作便捷；PC端MAKA的功能丰富，指纹翻页、擦一擦、重力感应等酷炫特效直接生成。

（4）全面数据监控：深入了解传播效果。MAKA提供详细的访问报告、受众群体特征、城市分布、访问设备型号等，能让用户从数据中发现问题并随时调整，实现更高效传播。

（5）一键分享：可分享到微信、微博、QQ等社交网络，随时更新并分享封面图和文案，让作品更具个性化。

一、注册并登录

在计算机或移动端打开MAKA官方平台，可以选择使用微信扫码、QQ、微博、手机号或邮箱登录，然后弹出"选择行业"界面，选择自己的行业。下面以微信扫码为例进行介绍。

（1）使用微信扫码登录，进入"选择行业"界面，如图6-10所示。

图6-10

（2）选择行业后，自动弹出相应的"选择职业"界面，选择自己的职业后单击"下一步"按钮。在弹出的"完善资料"界面中，根据提示填写相关内容。这里为了保障用户的账户安全，需要在"绑定手机"对话框中填写手机号、验证码和登录密码，然后单击"提交"按钮，如图6-11所示。

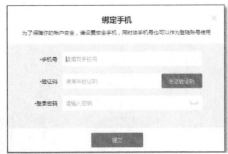

图6-11

（3）在弹出的"绑定手机成功"对话框中，单击"确定"按钮即可成功登录，如图 6-12 所示。

图6-12

二、制作个人简历

如果没有一定的设计能力或者想尽快完成一份精致的微场景来表达自己的想法，那么 MAKA 海量模板可以满足你的需求。只需在顶部菜单栏中单击"模板分类"即可查看所有场景模板，如图 6-13 所示。挑选并购买符合自己行业特色的场景模板后，单击即可使用。

图6-13

（1）本案例选择免费的"个人简历"模板，如图 6-14 所示。

图6-14

（2）选择自己喜欢的模板，单击即可快速创建个人简历，操作界面如图6-15所示。

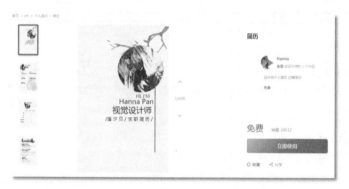

图6-15

（3）单击"立即使用"按钮后，开始修改模板，更换成自己的内容，如图6-16所示。

图6-16

（4）编辑好内容后，单击界面右上方的"预览/分享"按钮，预览自己的作品，如图6-17所示。

图6-17

（5）用户可以通过微信、微博、QQ等分享给朋友或者推广给更多的人。作品成功发布后，用户可进入MAKA平台的"用户作品管理"界面，单击"统计数据"选项，即可查看用户的作品列表，如图6-18所示。想要查看作品的详细访问数据，在所选作品的右侧单击"查看数据"按钮，即可查看总访问次数、总访问人数、平均停留时间和分享数，甚至可以提供用户访问地区和设备，让用户更加了解自己作品关注度背后的数据，做出分析，进而科学投放。

图6-18

个人和企业免费版用户可查看今日数据和历史数据统计信息，而企业版付费用户可查看包括地域城市信息、手机品牌信息等更详细的访问数据。

第四节　易企秀自媒体制作

易企秀在大数据和人工智能方面持续加大投入，为企业的内容创意制作和自助营销赋能，帮助全球中小企业实现便捷高效的移动自营销。

官方统计数据显示，截止到 2019 年 4 月，易企秀零成本通过社交口碑推广收获 4000 万企业用户（见图 6-19），累计产出 1.6 亿个 H5 作品，触达 9 亿微信用户，在 H5 营销领域遥遥领先。

图6-19

易企秀旗下产品服务涵盖 H5、轻设计、秀站、小程序、秀推、精准广告、大数据服务、落地页，满足企业从营销内容的设计制作到社交媒体推广的需求。

易企秀从创意制作入口出发，不断丰富产品矩阵，全方位覆盖企业各种营销内容创意制作，并为用户提供企业营销推广服务，形成"内容创意制作—推广投放—数据分析—客户管理—再营销"的营销闭环。

易企秀是一款针对移动互联网营销的手机网页 DIY 制作工具，用户可以编辑手机网页，分享到社交网络，通过报名表单收集潜在用户或其他反馈信息。

用户通过易企秀，无须掌握复杂的编程技术，就能简单、轻松制作基于 H5 的精美手机幻灯片页面。同时，易企秀与主流社会化新媒体打通，让用户通过自身的社会化媒体账号就能进行传播、展示业务、收集潜在用户。易企秀提供了统计功能，让用户随时了解传播效果、明确营销重点、优化营销策略。易企秀还提供了免费平台，让用户零门槛进行移动自营销，从而持续积累用户。

易企秀适用范围包括企业宣传、产品介绍、活动促销、预约报名、会议组织、收集反馈、微信增粉、网站导流、婚礼邀请、新年祝福等。

易企秀主要具有以下功能。

（1）一键生成 H5：创作只需几秒，H5 简历、旅游自拍、拜年贺卡、生日祝福、宝宝照、旅游照均能一键生成，摇一摇还可以更换模板。用户甚至可以将作品分享至微信朋友圈、微博、QQ 群和 QQ 空间等。

（2）海量模板素材：请帖、贺卡、电子相册、邀请函、简历模板、企业招聘、公司宣传、产品介绍均可轻松套用。

（3）随时随地查数据：动态图表展示 H5 场景的浏览次数，实时掌握用户提交的信息，金牌数据管家助力市场营销。

（4）手机与计算机跨平台操作：手机与计算机的场景数据互通，登录 App 可编辑、分享、管理计算机上的场景。

一、注册并登录

第一次使用易企秀，要先注册账号，可选择微信注册、手机注册或其他注册，如图 6-20 所示。用户需要根据自己的使用习惯注册账户。

图6-20

二、移动端登录

随着小程序和公众号的不断发展，易企秀用户可以直接在手机等移动设备上下载易企秀 App 进行登录。选择一款适合用户的模板，如图 6-21 所示，一键生成。

图6-21

三、制作邀请函

易企秀的 PC 端和移动端是同步的，这里选择使用 PC 端制作页面，操作起来更加方便。在易企秀的编辑区中可以更换背景、插图、文字等信息，通过页面管理生成和使用模板,以及管理页码等。下面介绍邀请函（见图 6-22）的制作方法。

图6-22

（1）打开浏览器进入易企秀官方网站首页，选择上方的"免费模板"选项，如图 6-23 所示。

图6-23

（2）在打开的界面中选择"用途"下方的"邀请函"选项，如图 6-24 所示。

图6-24

（3）进入邀请函模板界面，选择"免费"模板，如图 6-25 所示。

图6-25

（4）进入所选的邀请函模板页面后，单击页面右侧的"立即使用"按钮，如图 6-26 所示。

图6-26

（5）选择需要修改的图片和文字，弹出"组件设置"对话框，可以更换图片和字体颜色，如图 6-27 所示。

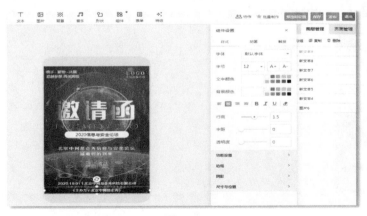

图6-27

（6）更换视觉效果。在界面上方有文本、图片、背景、音乐、形状等组件，这里单击"图片"选项即可打开对应的设置对话框，如图 6-28 所示。其中提供了大量的动态效果和特效，用户可以根据自己的喜好进行选择。

图6-28

（7）"联系我们"的二维码可以替换成个人或单位的二维码，双击需要替换的图片，选择"本地上传"选项，在"打开"对话框中选择要替换的二维码，如图 6-29 所示。

图6-29

（8）至此，邀请函制作完成。单击界面右上方的"预览和设置"按钮，即可欣赏自己的作品，如图 6-30 所示。如果想要把邀请函分享给他人，单击屏幕上浮动工具栏中的 按钮，可以分享到微信、微博、QQ 等各大平台。

图6-30

本章小结 ↓

本章主要讲解了自媒体平台和自媒体工具的概念，以及新媒体必备的十大数据分析工具，并通过自媒体作品制作工具 MAKA、易企秀、H5 等的使用介绍手机自媒体作品的制作过程，以及手机个人简历和邀请函的制作。

思考与练习 ↓

1．填空题

（1）网红分为_____、_____、_____。

（2）使用微信公众号发布的常用软件为_____。

2．简答题

（1）什么是自媒体？

（2）自媒体的特点是什么？

3．操作题

制作学校招募微信公众号推文，要求有文字、图片、视频和背景音乐，并在自己的订阅号上发布。

第七章

网络流媒体技术

学习目标

◢ 了解网络流媒体技术的概念。

◢ 了解流媒体服务器工作原理。

◢ 了解流媒体传输类型及网络传输技术。

◢ 掌握常见流媒体文件格式。

◢ 掌握流媒体下载方法与技巧。

随着互联网大发展的时代到来，我国的互联网技术飞速发展和普及，以网络作为传播平台的第四代媒体中独特的一种媒体——流媒体，凭借体积小、信息量大等特点日益流行。流媒体的出现极大地方便了人们的工作和生活，它广泛应用于远程教育、视频点播、网络电台、网络视频、短视频等方面，而流媒体技术在网络直播实现的过程中起着很重要的作用。

第一节 流媒体简介

流媒体（streaming media）是指将一连串的媒体数据压缩后，经过网上分段发送数据，在网上即时传输影音以供观赏的一种技术与过程。此技术使数据包像流水一样发送；如果不使用此技术，就必须在使用前下载整个媒体文件。

流媒体是采用流式传输技术在网络上连续实时播放的媒体格式，如音频、视频或多媒体文件。由于流媒体技术在一定程度上突破了网络带宽对多媒体信息传输的限制，因此被广泛应用于网上直播、网络广告、视频点播、远程教育（见图7-1）、远程医疗、视频会议、企业培训、电子商务等多个领域。

图7-1

一、流媒体发展

进入21世纪以来，互联网网络通信技术的飞速发展对人类日常生活和工作方式产生了深刻的影响，同时也对传统的教育教学模式产生了极大的挑战。网上教学、网络课程的开发已成为教育界同仁讨论的中心论题和教育改革发展的新趋势。当今世界，科学技术迅猛发展，使得知识经济卓见成效。知识经济呼吁创新教育，要求我们变革传统的教育教学模式，发展学生的创新意识和创造性思维的能力，培养创新型人才。

我国远程教育基本形成多规格、多层次、多形式、多功能的终身教育体系。随着社会发展、科学技术的引用，采用流媒体技术为主要实现方式的网络教育，作为远程教育的一种形式，被寄予厚望。

流媒体技术应用于网络教育上，主要表现为视频点播和视频直播两种方式。这两种方式使传统意义上的课本式教学方式转变为生动形象的影音模式，广播教学、语音教学、教学示范、消息发送、网络影院、远程管理、教学点播等模式通过互联网传播开来，如图7-2所示。

图7-2

二、 流媒体系统组成

流媒体系统组成包括图 7-3 所示的 5 个方面。

（1）编码工具：用于创建、捕捉和编辑新媒体数据，形成流媒体格式。

（2）流媒体数据：适合进行流式传输的新媒体数据。

（3）服务器：存放和控制流媒体的数据。

（4）网络：适合新媒体传输协议甚至实时传输协议的网络。

（5）播放器：供客户端浏览流媒体文件。

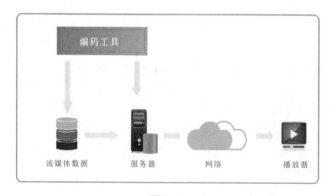

图7-3

三、 流媒体传输

流媒体传输时，声音、影像或动画等时基媒体由音视频服务器向用户计算机连续、实时传送，用户不必等到整个文件全部下载完毕，而只需经过几秒或十几秒的启动延时即可进行观看。当声音等时基媒体在用户计算机上播放时，文件的剩余部分将在后台从服务器内继续下载。流媒体传输不但使启动延时成十倍、百倍地缩短，而且不需要太大的缓存容量，避免用户必须等待整个文件全部从互联网上下载完成后才能观看。

1．技术方面需解决的问题

在互联网上进行流媒体传输时，所传输的文件必须制作成适合流媒体传输的流媒体格式文件。用通常格式存储的多媒体文件容量十分大，若要在现有的窄带网络上传输则需要花费较长的时间；若遇网络繁忙，还将造成传输中断。

2．传输方面需解决的问题

流媒体的传输需要合适的传输协议，在互联网上的文件传输大部分都是建立在 TCP（传输控制协议）的基础上，也有一些是以 FTP（文件传送协议）的方式进行传输，但采用这些传输协议都不能实现实时方式的传输。

3．传输过程中需要的支持

因为互联网是以"包"为单位进行异步传输的，所以多媒体数据在传输中要被分解成许多包。由于网络传输具有不稳定性，各个包选择的路由不同，因此到达客户端的时间次序可能发生改变，甚至产生丢包的现象。为此，必须采用缓存技术来纠正由于数据到达次序发生改变而产生的混乱状况，利用缓存对到达的数据包进行正确排序，从而使视音频数据能连续正确地播放。缓存中存储的是某一段时间内的数据，数据在缓存中存放的时间是暂时的，缓存中的数据也是动态的、不断更新的。流媒体在播放时不断读取缓存中的数据进行播放，播放完成后该数据便被立即清除，新的数据将存入缓存中。因此，在播放流媒体文件时并不需要占用太大的缓存空间。

4．播放方面需解决的问题

流媒体播放需要浏览器的支持。通常情况下，浏览器采用 MIME（多用途互联网邮件扩展）来识别各种不同的简单文件格式，所有的 Web 浏览器都是基于 HTTP（超文本传送协议）的，而 HTTP 都内建有 MIME。因此，Web 浏览器能够通过 HTTP 中内建的 MIME 来标记 Web 上众多的多媒体文件格式，包括各种流媒体格式。

四、流媒体技术

随着互联网的普及，利用网络传输声音与视频信号的需求也越来越大。传输技术的核心是串流（Streaming）技术和数据压缩技术，具有连续性、实时性、时序性的特点，分为顺序流式传输和实时流式传输两种方式。流媒体传输原理如图 7-4 所示。

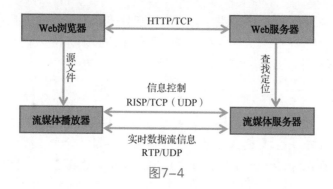

图7-4

1．顺序流式传输

顺序流式传输是顺序下载的，用户可以在下载文件的同时观看，但是用户的观看与服务器上的传输并不是同步进行的。用户在一段延时后才能看到服务器上传出来的信息，或者说用户看到的是服务器在若干时间以前传出来的信息。在这个过程中，用户只能观看已下载的部分，而不能跳到还未下载的部分。顺序流式传输比较适合高质量的短片段，因为它可以较好地保证节目播放的最终质量，适合在网站上发布供用户点播的音视频节目（短视频）。

2．实时流式传输

在实时流式传输中，音视频信息可被实时观看。在观看过程中，用户可快进或后退，以观看前面或后面的内容，但是在这种传输方式中，如果网络传输状况不理想，则收到的信号效果比较差，会有卡顿延时问题。

五、常见流媒体文件格式

在运用流媒体技术时，音视频文件要采用相应的格式，不同格式的文件需要使用不同的播放器来播放，"一把钥匙开一把锁"。采用流媒体技术的音视频文件主要有三大"流派"。

一是微软的 ASF（高级串流格式）。这类文件的后缀是".asf"和".wmv"，与它对应的播放器是微软公司的 Media Player。用户可以将图形、声音和动画数据组合成一个 ASF 格式的文件，也可以将其他格式的视频和音频转换为 ASF 格式，还可以通过声卡和视频捕获卡将话筒、录像机等外设的数据保存为 ASF 格式。

二是 RealNetworks 公司的 RealMedia，包括 RealAudio、RealVideo 和 RealFlash 三类文件。其中，RealAudio 用来传输接近 CD 音质的音频数据，RealVideo 用来传输不间断的视频数据，RealFlash 则是 RealNetworks 公司与 Macromedia 公司联合推出的一种高压缩比的动画格式，这类文件的后缀是".rm"，文件对应的播放器是 RealPlayer。

三是苹果公司的 QuickTime。这类文件的扩展名通常是 ".mov"，所对应的播放器是 QuickTime。

此外，MP4、MPEG、AVI、DVI、SWF、FLV 等都是适用于流媒体技术的文件格式。

流媒体技术的广泛运用将模糊广播、电视与网络之间的界限，网络既是广播、电视的辅助者与延伸者，也将成为它们的有力竞争者。利用流媒体技术，网络将提供新的音视频节目样式，又将形成新的经营方式，如收费的点播服务。发挥传统媒体的优势，利用网络媒体的特长，保持媒体间良好的竞争与合作，是未来网络的发展之路，也是未来媒体的发展之路。

第二节　流媒体应用

流媒体技术在互联网媒体传播方面起着重要的作用，便于人们在全球范围内进行信息交流和情感交流。其中，视频点播、远程教育、视频会议、互联网直播、网上新闻发布、网络广告等方面的应用更是空前广泛。

一、广电直播中的应用

2019 年 5G 技术全面启动，已经被广大用户所熟悉和接受。各种各样基于 5G 技术的应用层出不穷，三大运营商抓住三网融合的大环境，积极推进 5G 技术在广电行业的应用。

将流媒体技术应用到移动网络和终端上称为移动流媒体技术。移动流媒体技术有两大特点：一是能够实时播放音视频和多媒体内容，大大缩短启动延时，解决了用户必须等待整个文件全部从服务器源上下载完成后才能观看的缺点；二是播放的流媒体文件不需要在客户端保存，减少对客户端存储空间的要求，也减少缓存容量的需求。

通过对 5G 应用的全面理解并结合手机用户和 PC 用户的需求，移动运营商推出了 5G 移动流媒体平台，通过独创的统一流媒体服务引擎（USS），同时支持各种操作系统的手机、PC 以及机顶盒，使所有用户都能方便快捷地使用流媒体业务，并且使用同一套后台管理系统对所有平台的节目统一管理，最终实现手机、PC、电视的三屏互动，如图 7-5 所示。

随着 5G 移动流媒体技术的逐渐启用以及 5G 网络设备和终端设备的逐渐完善，移动流媒体技术将成为 5G 时代的代表技术，移动流媒体业务能大大提高用户通信体验并推动 5G 的不断发展。

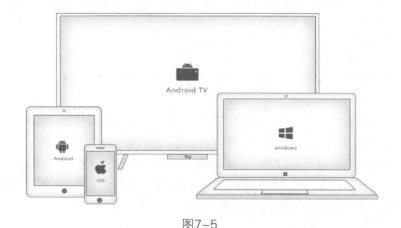

图7-5

二、航空探测中的应用

随着测量船"远望"家族的不断壮大，我国测控技术的发展更是迅速。尤其是流媒体技术出现以后，测量技术在航空探测中的应用越来越广泛。从数据的及时反馈、图像的按时传回到太空行走过程的电视直播，越来越多的项目需要依赖流媒体技术。

随着我国航空等尖端行业的发展，流媒体技术的应用越来越频繁，领域越来越广，项目密度越来越大，为流媒体技术的应用创造了拓展机遇，也为拥有先进技术、优越平台的流媒体技术提供商提供了大展拳脚的舞台。

第三节 流媒体服务器

流媒体服务器是流媒体应用的核心系统，是运营商向用户提供视频服务的关键平台。流媒体服务器的主要功能是对流媒体内容进行采集、缓存、调度和传输播放。流媒体应用系统的主要性能体现取决于媒体服务器的性能和服务质量。因此，流媒体服务器是流媒体应用系统的基础，也是最主要的组成部分。

一、浏览器播放

常见的流媒体视频播放浏览器有 UC、IE、火狐、遨游、谷歌、360 等浏览器，图 7-6 所示为在 UC 浏览器上播放视频。

流媒体视频支持智能终端收看。媒体流支持 HLS（基于 HTTP 的流媒体网络传输协议），运用 H5 语言实现 iOS 系统与 Android 系统的手机、机顶盒平台在线直播收看。

图7-6

二、移动流媒体

流媒体服务器上的直播大多提供实时移动功能，支持 Flash 方式的实时回放，自动生成节目列表，可以在任意时间收看任意节目，打破传统的直播收看模式，观众不再因为不能回放而错过直播节目。

三、高流畅度

流媒体服务器集成了 HTTP、TCP、UDP（SUDP、RUDP）和网关穿透模组（UDP 穿透和 RPNP 穿透）及全球 IP 表，拥有极高数据收发速度和单机连接数，保证各种清晰度下视频播放质量。

四、广播级高清

实况直播时支持多种流协议和编码，可使用高清、标清码流，达到广播级效果，其中高清视频格式包括 MP4、WMV、ASF、RMVB、FLV 等。

五、复杂网络环境自适应

流媒体服务器采用了覆盖全球 IP 表、运营商地域 IP 段表等的动态节点调整策略，支持各级网关穿透和内外网网关映射；同时采用了 UDP、TCP 传输自适应机制，当 UDP 传输不可用时自动切换到 TCP 传输，保证连通性。

六、P2P流媒体点播和特点

任何一个 P2P 直点播系统都提供了安装于服务器端的音频、视频流分发服务。系统从采集端接收音视频流，由 P2P 协议和 CDN 网络进行转发，通过媒资管理系统、内容管理系统及网站，输送到客户端（手机、平板电脑、台式计算机、机顶盒），为客户快速建立一套网络音视频直点播服务。

P2P是一种技术，但更多是一种思想，具有改变整个互联网基础的潜能的思想。P2P就是让该用户可以直接连接到其他用户的计算机并交换文件，而不是像过去那样连接到服务器去浏览，它是互联网整体架构的基础。

P2P流媒体点播系统基于先进的网格模型和算法研发而来，它通过分布式的程序设计、多项专利技术和全新的网格算法，实现了无结构的网络形态以及数据的最小块分解，是在充分考虑各种技术因素与运营因素之后获得完美平衡的流媒体点播系统。P2P流媒体点播系统大大降低了运营商在服务器和带宽方面的投入，使整套系统具有更好的弹性与扩展能力，是一套面向大规模的用户群提供高质量、可交互的流媒体点播系统。该系统可以很好地解决传统C/S模式点播系统中存在的扩展性差、服务能力受限等问题，降低硬件资源的费用；系统充分利用了P2P的技术优势，采用了基于无结构覆盖的组织方法、独有的基于数据重合度的智能调度策略、分布式缓存策略等先进技术构建。

1. 流媒体点播系统组成

流媒体点播系统由控制服务器（Control Server）、数据源服务器（Source Server）、客户端（Peer）3个主要的部分组成，如图7-7所示。

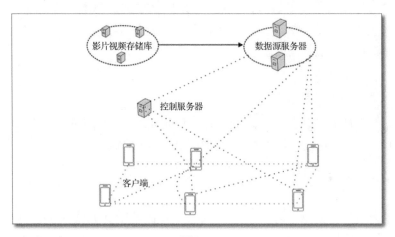

图7-7

（1）控制服务器：负责索引当前的在线Peer，管理Peer节点的位置信息，提供节点加入时的Peer列表。

（2）数据源服务器：主要负责解析媒体数据，支持常用的多种媒体格式。

（3）客户端：负责从其他客户端获取媒体数据，主要完成任务的调度、拓扑的维护和客户端缓存的管理。

2．P2P特点

网络中的资源和服务分散在所有节点上，信息的传输和服务的实现是直接在节点之间进行的，无须中间环节和服务器的介入，避免了可能的瓶颈。

（1）为运营商大大节省在服务器和网络带宽方面的投入，相比传统 C/S 架构的 VOD 模式可节约 10～15 倍的带宽。

（2）播放流畅、稳定。接入的节点越多，效果越好；节点少时，依然流畅；节点的退出也不影响整体性能。

（3）系统配置要求低，消耗系统资源少。

（4）多点分流，节点动态加入合适的覆盖网络中。

（5）采用独有的关键帧技术，使拖曳速度更快，观看更加流畅。用户在观看过程中任意拖动，对整体网络无任何影响。

（6）支持 Web ActiveX 控件、桌面客户端。

（7）支持 WMV、MPG、ASF、AVI、RM、RMVB 等主流格式。

（8）自动配置路由器端口映射，采用 UPnP 自动映射技术实现内网免配置。

第四节　流媒体的下载

现在大部分电影和音乐网站只能在线收看或收听，而很多互联网用户却希望可以下载这类视频，一般可以采用第三方流媒体下载器或视频下载软件来下载相应的视频。

一、第三方下载器使用

硕鼠是一个在线视频下载平台，提供了强大的在线 FLV/MP4 视频解析功能，可以探测出视频网站上视频的真实地址。硕鼠可以把各种清晰程度的视频地址探测出来，如高清版、超清版、原画版等，并可以解析节目单，实现电视剧、电影、音乐 MV 的批量下载，非常方便。硕鼠本身也集成了视频地址解析，是一种独特、简洁的音频、视频下载方式。

（1）在官网下载硕鼠浏览器，即硕鼠 PC 版安装包，如图 7-8 所示。

图7-8

（2）安装并打开硕鼠浏览器，将想要下载视频的网页地址复制到浏览器（在硕鼠官网搜索），然后等待网站开始播放视频，如图 7-9 所示。

图7-9

（3）视频开始播放后，单击地址栏右侧的"解析本页视频"按钮，硕鼠浏览器自行从该网站中解析到本网页视频的原始地址，如图 7-10 所示。

图7-10

（4）浏览器解析完毕后，会出现一个界面，如图 7-11 所示。

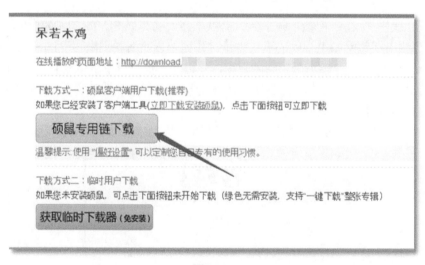

图7-11

（5）单击"硕鼠专用链下载"按钮,在弹出的对话框中推荐选择第二个选项,如图 7-12 所示。

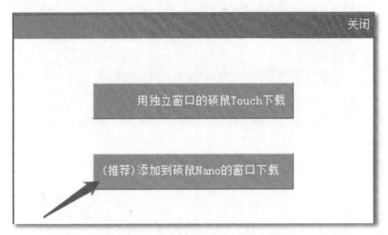

图7-12

（6）单击"（推荐）添加到硕鼠 Nano 的窗口下载"按钮，弹出图 7-13 所示的对话框，根据自己的喜好设置路径。

图7-13

二、视频下载软件

维棠 FLV 视频下载软件是一款 FLV 视频节目下载软件，由维棠小组共同开发，完全免费使用。利用维棠 FLV 视频下载软件，用户可以下载播客网站上的 FLV 视频节目，并将其保存到本地，避免了在线观看等待时间太长的麻烦。

（1）在百度上搜索"维棠"官网，打开首页，如图 7-14 所示。

图7-14

（2）单击"立即下载"按钮，弹出下载窗口，如图7-15所示。

图7-15

（3）下载完成后，安装客户端并启动维棠FLV视频下载工具，选择"下载"选项，单击左上方"新建"按钮，在"新建任务"对话框的"下载链接"文本框中粘贴下载地址即可，如图7-16所示。

图7-16

第五节 视频实时合成直播案例

现在网络直播越来越流行，各大直播网站盛行。人们对短视频、电视剧、电影等视频文件已经不仅仅局限于观看，常常会有主持人对这些视频进行解说、评论及互动，这已经成为视频网站发展的一种新趋势。将流媒体技术和摄像头进行集成，能够实现已录制视频和摄像头采集画面的合成，实现实时画面与视频的实时集成。

一、软硬件环境要求

（1）操作系统为 Windows 7 64 位或 Windows 10 64 位。

（2）Helix Server（服务端 - 网络媒体发布）。

（3）RealPlayer（客户端 - 播放器）。

（4）EditPlus 或记事本（SMI1 语言编辑工具）。

（5）狸窝全能视频转换器（格式工厂——音视频转码工具）。

（6）RealProducer（服务端 - 转码器）。

二、视频实时合成直播画中画

（1）安装 Helix Server 服务器端，打开"素材文件 \ 第七章 \ 安装服务器 \ HelixServerp\ 安装 .CMD"文件，双击"安装 .CMD"文件进行安装，如图 7-17 所示。

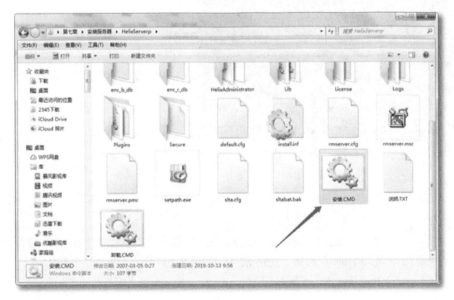

图7-17

（2）安装完成后，桌面将生成"Helix Server 管理员"和"Helix Server"两个图标，如图 7-18 所示。

（3）打开"素材文件 \ 第七章 \ 安装服务器 \RealProducerPlus-v11.0\setup.exe"文件，安装完成，如图 7-19 所示。

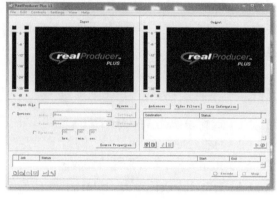

图7-18   图7-19

（4）打开"素材文件 \ 第七章 \ 安装服务器 \RealPlayer_16.0.6.4.exe"文件，安装完成并打开 RealPlayer 播放器，如图 7-20 所示。

（5）按 Win+R 组合键，弹出"运行"对话框，在"打开"文本框中输入"cmd"，如图 7-21 所示。

图7-20   图7-21

（6）单击"确定"按钮，输入"ipconfig"后按 Enter 键，查看本机 IP 地址，这里为"192.168.1.39"，如图 7-22 所示。

（7）在计算机桌面上双击"Helix Server 管理员"图标，打开默认浏览器，输入登录用户名和密码（均为"admin"），如图 7-23 所示。

（8）IP 绑定添加本机 IP 地址"192.168.1.39"，单击"应用"按钮，如图 7-24 所示。

图7-22

图7-23

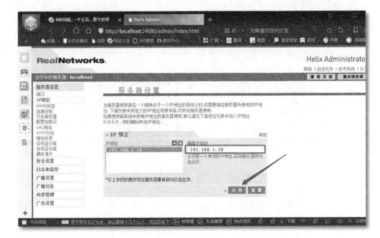

图7-24

（9）弹出"来自网页的消息"对话框，如图7-25所示。

图7-25

（10）重启计算机后，将地址中的"localhost:24680"改为"192.168.1.39:24680"，如图7-26所示。

图7-26

（11）打开RealProducer Plus 11，选择声卡和摄像头（这里显示的是笔者使用的笔记本电脑声卡和摄像头），如图7-27所示。

图7-27

（12）单击"设置"按钮弹出对话框，配置服务器目的地址，如图 7-28 所示。

图7-28

（13）单击"Encode"（编码）按钮，开启摄像头实时画面，网络会有一定的延迟，如图 7-29 所示。

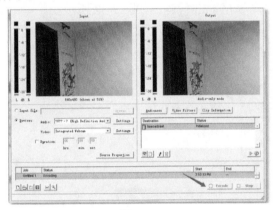

图7-29

（14）按 Win+R 组合键打开"运行"对话框，输入"rtsp://192.168.1.39/broadcast/play"，在 RealPlayer 播放器播放实时监控画面，如图 7-30 所示。

图7-30

（15）编写 smil 文件代码，使用 Leawo Video Converter（狸窝全能视频转换器）将要播放的视频转换成 RMVB 格式，如图 7-31 所示。

图7-31

（16）使用记事本编写 smil 代码，如图 7-32 所示。

图7-32

（17）双击运行 play.smi 文件，如图 7-33 所示。

图7-33

（18）在 Helix Server 中进行服务器的配置，设置最大用户链接数为 100，单击"应用"按钮，如图 7-34 所示。

（19）在 RealPlayer 中打开发布的 play.smi 视频流直播画面，如图 7-35 所示。

图7-34

图7-35

本章小结 ↓

　　本章主要介绍了流媒体的概念、流媒体的技术、流媒体在生活中的应用与制作工具，以及主要流媒体制作软件和流媒体的下载。通过对 P2P 实例的学习，读者将对网络流媒体技术的基本知识有一个较为全面的了解。

思考与练习 ↓

　　1. 填空题

　　（1）实现流媒体传输有两种方法：_____传输和_____传输。

　　（2）流媒体信息的发布主要分为两个方面：_____和_____。

　　2. 简答题

　　（1）P2P 流媒体点播技术是什么？

　　（2）在互联网上可以提供视频、音频信息的网站中，哪些是无须下载就可以直接播放的（使用了流媒体技术）？

参考文献

［1］ 惠世军 . 平面设计实战演练 [M]. 西安：西安电子科技大学出版社，2016.

［2］ UEgood 雪姐 .UI 交互动效必修课 [M]. 北京：清华大学出版社，2018.

［3］ 曹世华 . 多媒体技术应用 [M]. 杭州：浙江大学出版社，2018.